平面人工传输线设计及其在阵列天线中的应用

宗彬锋　张小宽　张　秦
邹晓鋆　曾会勇　王光明　著

西北工业大学出版社
西安

【内容简介】 本书基于平面人工传输线,结合实际应用,对多款不同功能的天线及阵列天线进行分析与设计,主要包括基于慢波传输线的谐波抑制波束可调阵列天线、基于双层复合左右手传输线的宽带宽角频率扫描阵列天线和基于简化复合左右手传输线的宽带单脉冲天线系统等内容。全书按照理论探索、方法创新、实际应用的设计流程设置内容,结构合理、层次分明、内容翔实,构建了完备的平面人工传输线设计过程和应用体系。

本书可以帮助微波工程技术人员了解平面人工传输线的相关理论和应用。

图书在版编目(CIP)数据

平面人工传输线设计及其在阵列天线中的应用 / 宗彬锋等著 . —西安:西北工业大学出版社,2020.6
ISBN 978 - 7 - 5612 - 7083 - 7

Ⅰ.①平… Ⅱ.①宗… Ⅲ.①阵列天线-研究 Ⅳ.①TN82

中国版本图书馆 CIP 数据核字(2020)第 083643 号

PINGMIAN RENGONG CHUANSHUXIAN SHEJI JI QI ZAI ZHENLIE TIANXIAN ZHONG DE YINGYONG

平面人工传输线设计及其在阵列天线中的应用

责任编辑:何格夫		策划编辑:杨 军	
责任校对:王梦妮		装帧设计:李 飞	

出版发行:西北工业大学出版社
通信地址:西安市友谊西路 127 号 邮编:710072
电 话:(029)88491757 88493844
网 址:www. nwpup. com
印 刷 者:西安日报社印务中心
开 本:710 mm×1 000 mm 1/16
印 张:12.25
字 数:226 千字
版 次:2020 年 6 月第 1 版 2020 年 6 月第 1 次印刷
定 价:58.00 元

前　言

平面人工传输线由多个微单元结构周期性排布形成,被视为一维异向介质。与传统微带线相比,平面人工传输线具有非线性色散特性,可用于设计小型化、宽带化器件,在天馈线系统中的应用具有广阔的前景。本书以理论分析、模型等效、软件仿真和实验测试为手段,深入阐述了新型平面人工传输线的物理结构、等效电路和色散曲线,并以此设计具有谐波抑制功能的波束可调阵列天线、实现前向到后向连续扫描的宽带宽角频率阵列天线及宽带单脉冲天线系统。

本书的主要内容包括以下三个部分:

1. 基于新型慢波传输线的谐波抑制波束可调阵列天线设计

(1)基于蜿蜒线电感、交指电容和微带贴片设计一种新型慢波传输线,该传输线具有阻抗一致性好、慢波因子大、群时延性好的通带特性,以及较宽的高频阻带,并且电长度为 90°时,物理尺寸仅为传统传输线的 30%。

(2)利用新型慢波传输线的 Butler 矩阵设计分支线耦合器、0 dB 电桥、0°和 45°差分移相器。

(3)基于小型分支线耦合器、0 dB 电桥、0°和 45°差分移相器,集成具有宽带谐波抑制特性的小型 Bulter 矩阵,并分析其特性。

(4)基于平行双线结构和集总元件加载技术设计小型高增益天线单元,并分析其阵列特性。

(5)将 Butler 矩阵和四个平行双线天线单元集成设计波束可调天线阵列,该阵列可用于实现较大角度的波束转换,以达到对目标搜索、跟踪和引导的目的。

2. 基于双层复合左右手传输线的宽带宽角频率扫描阵列天线设计

(1)针对传统交指电容在尺寸较大时易产生高频谐振的问题,提出一种基于双层介质板的新型交指电容结构,并用其设计新型复合左右手传输线。该传输线能够消除传统结构的高频谐振,展宽工作带宽。

(2)分析频率扫描馈电网络的特性。

(3)依据复合左右手传输线等效电路模型推导所得的集总元件值,设计满足条件的移相线,并集成频率扫描馈电网络。

(4)为了验证网络特性,设计一个有源阵子相互连接的四元准八木天线阵。然后,将网络与准八木天线集成频率扫描阵列天线。该阵列天线能够覆盖 C 波段,并且能够实现较大的前向和后向角度的扫描。此外,采用馈电网络与天线分开设计的方法具有更强的灵活性,能够保证能量的有效辐射,天线形式的选择也更加多样化。

3.基于新型简化左右手传输线的宽带单脉冲天线系统设计

(1)详细分析单脉冲雷达的测角原理,介绍振幅单脉冲天线系统的特性参数,并对系统方向图特性进行分析。

(2)提出交指电容结构加载的简化左右手传输线,色散曲线和阻抗分析表明,该新型结构具有宽带移相特性。

(3)基于所提出的简化左右手传输线设计超宽带 90°差分移相器,该移相器在 3.9~10 GHz 的频带内,相位差为 90°±3°,反射系数小于 −10 dB,传输系数大于 −0.5 dB。

(4)设计宽带耦合器、基于新型 SCRLH - TL 的高性能 45°差分移相器和 90°差分移相器,并集成宽带平面和差网络。

(5)与超宽带 Vivaldi 天线集成宽带单脉冲阵列天线。该系统实现的单脉冲和差波束体制可用于跟踪,在最短的时间内获得误差信号,且在角度测量方面具有很高的精度。此外,该系统具有较强的抗干扰能力。

本书的研究工作得到了国家自然科学基金项目(项目编号:61701527,61372034)的支持。

本书以实际应用需求为背景进行了相关设计,一方面可以帮助相关工程技术和研究人员了解平面人工传输线的相关理论技术、设计过程和性能分析方法,另一方面部分解决了传统传输线设计阵列天线的小型化、宽带化问题。

本书内容以宗彬锋博士攻读博士阶段的研究成果为主,其他署名作者进行了相关指导,从理论分析到工程实践提出了宝贵的意见,并做了大量细致的工作。

写作本书曾参阅了相关文献资料,在此,谨向其作者深表谢意。另外,非常感谢西北工业大学出版社在本书的编写和出版过程中给予的建议和各个方面的支持。

由于笔者水平有限,书中难免存在一些不足之处,恳请广大读者批评、指正。

著 者

2019 年 11 月

目　　录

第1章 绪 论

处于通信系统最前端的天线是发射和接收电磁波的关键部件,其性能优弱对通信质量有着重要影响[1-2]。不同用途的通信系统对天线性能的要求也有所不同,如无线局域网需要天线工作于双/多频[3];全球定位系统和导航系统需要天线工作于圆极化体制[2,4-7];在短时间内获得大量目标信息的雷达系统需要天线工作于宽带甚至于超宽带[8-9]。此外,一些系统对天线的性能有特定的要求,如宽带圆极化特性[10]、双频双极化特性[11-13]、双频全向圆极化特性等[14-16]。因此,针对需求设计高性能天线是十分必要的。

性能良好的天线系统对军用和民用设备有着重要影响。在军事应用方面,随着军事科技的飞速发展以及作战环境复杂程度的提高,要求雷达具有更强的抗干扰能力和抗打击能力,如果雷达具备频率捷变、波束可调等功能必将大大提高其生存能力[17]。生存能力与天线系统相对应,需要其实现宽/多频、小型化、谐波抑制、频率扫描等特性和功能。在民用方面,在第四代移动通信系统方兴未艾之时,对第五代移动通信系统的研制已经拉开了序幕。相比于第四代移动通信系统,第五代移动通信系统有着极高的频谱利用率、极快的传输速率和极低的网络耗能,且其具有很高的灵活性,能够及时进行网络调整[18]。高要求的通信质量需要以高性能的通信设备作为支撑,为满足第五代移动通信系统的需求,研制高性能天线系统是必不可少的。因此,无论在军用方面还是在民用方面,设计智能化、宽/多频、小型化的天线系统均具有重要意义。

传输线既是电磁能量传输的载体,也是微波元器件的重要组成部分,馈电网络设计的关键在于传输线的设计。要设计高性能的馈电网络首先在于设计特性良好的传输线。平面人工传输线是电磁异向传输线的实现形式,其不仅具有均匀传输线结构简单、损耗低、易于加工等优点,而且具有均匀传输线不具备的非线性色散特性,在设计小型化、双/多频、宽带和新功能器件方面具有十分重要的理论和工程意义,也为高性能天线系统的设计提供了新的方法[19]。

综上所述,设计高性能平面人工传输线对研制性能良好的天线系统具有重要价值。开展新型平面人工传输线及其在天线系统中的应用研究,一方面可以丰富平面人工传输线的形式、挖掘平面人工传输线的特性、探索平面人工传输线的机理;另一方面可以为高性能天线系统的研制提供参考和借鉴,使平面人工传输线在军事国防和民用方面发挥潜能。

1.1 平面人工传输线研究现状

平面人工传输线是异向介质在平面电路上的传输线实现形式。这种传输线不仅具备异向介质超常的物理特性,还具有低插入损耗和宽带特性。广义地讲,由人工构造的亚波长结构组成的平面传输线均可被认为是平面人工传输线[19]。根据传输线等效介电常数 ε 和等效磁导率 μ 的值,可以将其分为以下几类:一是具有比均匀传输线更大的 ε 值和 μ 值的平面慢波传输线(Slow-Wave Transmission Line,SW – TL);二是 ε 值和 μ 值均为负值的复合左右手传输线(Composite Right/Left Handed Transmission Line,CRLH – TL);三是 ε 和 μ 两者中有一个为负值的单负传输线(Single Negative Transmission Line,SNG – TL)。此外,CRLH – TL 还具有一些拓展形式,如对偶复合左右手传输线(Dual Composite Right/Left Handed Transmission Line,DCRLH – TL)、简化复合左右手传输线(Simplified Composite Right/Left Handed Transmission Line,SCRLH – TL)和广义复合左右手传输线(Extend Composite Right/Left Handed Transmission Line,ECRLH – TL)等。本节将对 SW – TL、CRLH – TL 和 SCRLH – TL 的研究现状进行介绍。

1.慢波传输线

20 世纪初,Cunningham 等人通过集总单元网络周期性级联构建了相速极慢的人工传输线,这是"慢波"这一概念的起源[20-21]。20 世纪 40 年代,基于螺旋线的行波管放大器的提出,则标志着慢波结构被引入到了微波工程中[22]。该放大器是通过控制螺旋线的螺距以实现电磁波相速的降低,从而使电磁波与电子柱之间作用时间充分,让螺旋线从电子注上获取较大的行波能量,实现放大功能。随后数十年里,相关学者提出了双螺旋结构、环-杆(圈、板)结构以及 π 型结构来提高行波管的互阻抗、功率容量[23]。此外,平面慢波结构因加工简单、成本低、效率高、体积小等优点也得到了快速发展。一般而言,平面 SW – TL 主要通过多层介质、周期加载电容(电感或枝节)、单元级联、缺陷地面结构(Defected Ground Structure,DGS)等方法来实现 ε 和 μ 值的增加,从而降低电磁波相速[19,24-45]。

在采用多层介质板设计 SW - TL 方面,1967 年,Henry 等人通过在平行板波导中填充绝缘体和半导体两层介质设计了平面 SW - TL,该传输线是利用两层介质的导电和极化参数随频率变化的特性来实现慢波效应的[24]。在此基础上,1971 年,Hideki 等人提出了金属-绝缘体-半导体(Metal - Insulator - Semiconductor,MIS)平面 SW - TL[19,25]。1976 年,Dieter 等人提出了基于肖特基微带线的 SW - TL,该传输线在传输信号的导体附近建立随频率变化的肖特基势垒层,以实现慢波效果[26]。1977 年,Hasegawa 等人采用砷化镓介质板设计了基于 MIS 和肖特基势垒的共面带状线 SW - TL,并分析了传输线的电磁特性[27]。1983 年,Yoshiro 等人通过控制掺杂介质设计了 MIS 型 SW - TL,该传输线具有可控的慢波因子和衰减常数[19,28]。同年,他还通过周期掺杂的方式实现了 MIS 共面波导损耗的减小和慢波因子的增加[29]。1990 年,吴柯等人则提出了非均匀掺杂方式实现 MIS 共面波导损耗的减小和慢波因子的增加[30]。1992 年,H. Kamitsuna 等人提出了可用于多层微波单片集成电路的慢波蜿蜒线[31]。

在采用周期加载的方法设计 SW - TL 方面,1994 年,Adana 等人在共面波导形式的蜿蜒线上加载交指电容(InterDigital Capacitor,IDC)设计了 SW - TL,该传输线在单位长度内实现较大串联电感的同时,也实现了较大的并联电容,获得了较大的慢波因子,其结构如图 1 - 1 所示[32]。2002 年,L. - H. Hsieh 等人通过周期加载微带环形谐振器和发卡型谐振器设计了新型 SW - TL[33]。同年,S. - G. Mao 等人提出了周期加载枝节的 SW - TL,该传输线将加载枝节延伸到 DGS 结构内部,慢波效果显著[34]。2007 年,J. Wang 等人采用周期加载高低阻抗枝节的方式设计了 SW - TL,实现了小型化[35]。2008 年,C. - Z. Zhou 等人用细直导线作为串联电感以及两边的贴片作为并联电容,并在信号线与地之间加载蘑菇结构以实现并联电容的增大,设计了具有较大慢波因子的 SW - TL[36]。2011 年,J. - H. Shin 等人采用周期加载电容的方式实现了低损耗的 SW - TL[37]。2012 年,W. - S. Chang 提出了如图 1 - 2 所示的周期性谢夫曼蜿蜒线并加载并联开路枝节的 SW - TL,该传输线的特性阻抗和慢波因子具有独立可控性[38]。通常,周期加载实现的慢波传输线具有较大的电尺寸,难以满足小型化需求。因此,这一类慢波传输线的应用受到了尺寸的限制。

对于单元级联方式的 SW - TL,我国台湾科技大学在这方面的研究成果较多。其中,C. - W. Wang 等人在 2007 年提出了小型谐波抑制型 SW - TL[39]。该传输线的蜿蜒线用于实现较大的串联电感,并联枝节用于实现较大的并联电容,此外该传输线加载部分之间具有很强的电磁耦合。2011 年,C. - C. Wang 等人基于共面波导和双层技术实现了结构如图 1 - 3 所示的 SW - TL[40]。该传输线结构的准集总电感与金属地面形成共面波导,加载的准集总电容则在金属地面的另一侧,与同侧加载相比,其能够有效去除准集总元件之间的寄生耦合。此外,Masoud 等人还提出了 X 形混合单元网络,并利用该网络设计了群时延为平坦的 SW - TL[41]。华南理工大学的黄健全基于混合 X 形单元网络提出了如图 1 - 4 所示的慢波结构[42]。与基于传统 π 型结构的传输线相比,该传输线在保证慢波因子的同时,改善了相位特性、拓展了带宽,具有很高的应用价值。

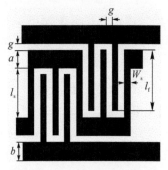

图 1 - 1   文献[32]中的 SW - TL

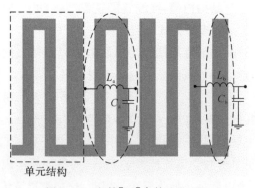

单元结构

图 1 - 2   文献[38]中的 SW - TL

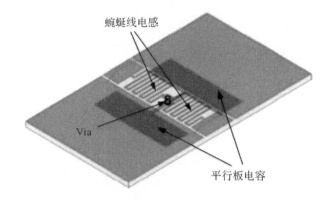

图 1-3　文献[40]中的 SW-TL

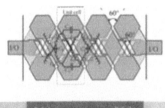

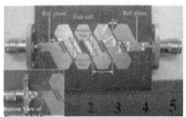

图 1-4　文献[42]中的 SW-TL

在采用 DGS 设计 SW-TL 方面,F.-R. Yang 等人依据 DGS 结构可以等效为并联谐振支路这一原理提出了新型 SW-TL。但该传输线存在慢波因子小的缺点[44]。2006 年,H.-M. Kim 等人提出了基于共面波导 DGS 的 SW-TL[45]。虽然电磁带隙(Electromagnetic Band Gap,EBG)、微带缺陷结构(Defected Microstrip Structure,DMS)也可用于 SW-TL 的设计,但是 EBG 主要关注禁带效应,DMS 的慢波效果较差,因而这两种方法使用较少。

2. 复合左右手传输线

为了克服块状左手材料损耗大、频带窄、不易与平面电路集成等缺点,一些学者从集总等效传输线理论出发重构了电路结构,实现了同样具有左手奇异特性的 CRLH - TL[46]。与块状左手材料相比,CRLH - TL 损耗小、结构连续,在微波工程中更加实用。2003 年前后,T. Itoh,G. V. Eleftheriades 和 A. - A. Oliner 带领的研究小组几乎同时重构了电路结构,将集总电感和电容加载于传统传输线,实现了在某些频率范围内同时具有负的 ε 和 μ 的 CRLH - TL[47-49]。此后,CRLH - TL 迅速成为研究热点,研究成果层出不穷。总的来说,对于 CRLH - TL 的研究主要集中在以下三个小组:加州大学洛杉矶分校研究小组,多伦多大学研究小组和西班牙研究小组[50]。

由 T. Itoh 带领的加州大学洛杉矶分校研究小组一直致力于 CRLH - TL 的研究。2002 年,该小组通过传输线理论的引入,设计了传输线形式的左手材料,并证明了其"双负"特性[47]。他们还利用交指电容(InterDigital Capacitor,IDC)和短截线电感设计了左手传输线(Left - Handed Transmission Line,LH - TL)[51-52]。由于分布结构中不可避免地存在右手效应,该传输线在低频呈现左手通带,在高频呈现右手通带,所以用 CRLH - TL 来命名更为准确,如图 1 - 5 所示。他们还提出了如图 1 - 6 所示的基于蘑菇结构的二维 CRLH - TL,并研究了它的特性。为了对传输线的负折射效应进行验证,他们采用该传输线设计了用于实验的二维透镜。此外,该课题组还对基于蘑菇型结构的二维 CRLH - TL 进行了改进,设计了结构更加对称的蘑菇型单元,并利用其设计了新型二维 CRLH - TL[53]。

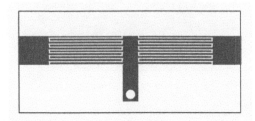

图 1 - 5 基于 IDC 结构的 CRLH - TL

2002 年,多伦多大学研究小组在提出利用传输线设计左手材料的方案的基础上制备了二维传输线形式的平面左手材料[48]。在利用这一材料进行实验时,可以观察到负折射和聚焦现象,证明这种材料具有左手特性。2003 年,他们利用传输线理论对基于 SRR/wire 的材料进行分析并验证了它的负折射特性[54]。此外,他们还利用共面波导设计了新型 CRLH - TL,该传输线在特定的频段范围内具有相位超前特性[55]。该小组还提出了基于耦合谐振器的

CRLH-TL,对该传输线的通带特性和损耗进行了分析。2008 年,他们提出了如图 1-7(a)所示的微带 CRLH-TL,该传输线通过加载在主传输线上的开路枝节来实现等效电路中的并联谐振支路,通过交指结构来实现等效模型中的串联电容[56]。随后,该课题组对主传输线进行弯折处理,将开路枝节用高低阻抗线取代,设计了如图 1-7(b)所示的结构更加紧凑的 CRLH-TL。

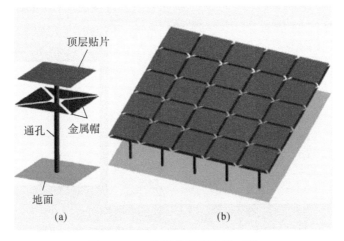

图 1-6　二维蘑菇型 CRLH-TL

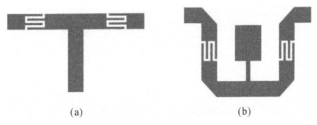

图 1-7　文献[56]中的 CRLH-TL
(a)新型结构；　(b)小型化结构

　　西班牙研究小组起初基于共面波导技术并结合开口谐振环(Split Ring Resonator,SRR)设计了如图 1-8 所示的 CRLH-TL[57]。该结构将 SRR 组成阵列,对称排布在介质板背面谐振环中心,与共面波导信号线和地板之间的连线中心正对。在 SRR 的谐振频率处,μ 为负值,环的中心与共面波导信号线和地板之间的连线也可以实现负的 ε 值。该课题组还通过在微带线两侧加载 SRR,并在 SRR 对应的微带线中心位置引入接地孔来实现 CRLH-

TL[58]。然而,以上两种 CRLH - TL 存在带宽窄的缺点,应用范围受到了限制。2004 年,该课题组提出了如图 1 - 9 所示的基于逆开环谐振器(Complementary Split Ring Resonator,CSRR)的 CRLH - TL,该结构通过微带线之间的缝隙实现负的磁导率,并通过在地面刻蚀 CSRR 实现负的介电常数[59]。该课题组对这种结构的特性进行了详细分析:文献[60]分析了 Bloch 阻抗、幅频特性以及相频特性等,并研究了结构参数对其特性的影响;文献[61]在充分考虑了单元耦合的情况下,在原有等效电路的基础上提出了更为精确的模型;文献[62]则对 SRR 结构进行了一系列的小型化设计。此外,他们还提出了单平面 CRLH - TL,该传输线是通过在微带线上刻蚀 CSRR 形成的。这种结构有效克服了由于 DGS 的引入而导致的不易封装和后向辐射问题,但是通带较窄[63]。

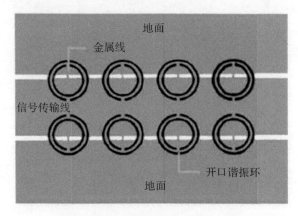

图 1 - 8 文献[57]中的 CRLH - TL

图 1 - 9 基于 CSRR 的 CRLH - TL

除了以上三个研究小组外,其他学者也对 CRLH - TL 进行了研究,下面针对其中较为新颖的成果进行介绍。

2008 年,塞尔维亚的 V. Crnojević- Bengin 将分形引入到了基于 CSRR 的 CRLH - TL 的设计中[64]。研究发现,随着分形迭代因子的增加,传输线的谐振频率越低,小型化程度也越高。2009 年,埃及的艾因夏斯姆大学的研究小组提出了基于耦合线的 CRLH - TL[65]。F. - P. Casares - Miranda 基于桥接线设计了具有较宽通带的 CRLH - TL[66]。W. Tong 等人基于 GaAs 工艺的单片集成电路设计了具有极宽左手频带的 CRLH - TL[67]。电子科技大学的杨涛提出了一端开路,另一端短路的 CRLH - TL 谐振器,详细分析了其特性。此外,他还基于低温共烧陶瓷组件技术设计了结构如图 1 - 10 所示 CRLH - TL 谐振器[68]。华南理工大学的张洪林博士将金属片放置在地板上所开的槽内,并通过过孔和槽内的金属片将 IDC 的同侧指尖相连,改变了传统 IDC 的电流分布,消除了其高频谐振[69]。在此基础上,他设计了结构如图 1 - 11 所示的新型 CRLH - TL,扩展了基于传统 IDC 的 CRLH - TL 带宽。东南大学崔铁军教授的课题组、中国科学技术大学徐善驾教授的课题组也对 CRLH - TL 进行了研究[70-71]。

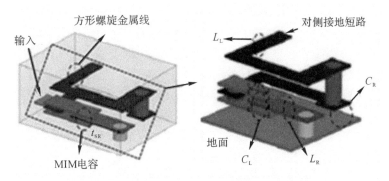

图 1 - 10　文献[68]中的 CRLH - TL 谐振器

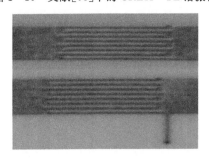

图 1 - 11　文献[69]中的 CRLH - TL

3.单负传输线

单负材料是一类 $\varepsilon < 0$ 或 $\mu < 0$ 的超常媒质。在自然界中,除了等离子体的 ε 值为负、铁氧体的 μ 值为负之外,没有其他呈现单负特性的媒质存在[72]。根据单负材料的定义,SNG－TL 分为 $\varepsilon < 0$、$\mu > 0$ 的电负传输线(Epsilon Negative Transmission Line,ENG－TL)和 $\mu < 0$、$\varepsilon > 0$ 的磁负传输线(Mu Negative Transmission Line,MNG－TL)。获得 SNG－TL 的方法主要有以下两种:一是直接法,即在主传输线上周期性地加载串联电容或并联电感;二是利用非平衡条件下 CRLH－TL 左手和右手通带之间的"禁带"。在 SNG－TL 的研究方面,Andrea 等人在 2003 年研究了 ENG－TL 和 MNG－TL 的构造方法并分析了它们的传输特性[73]。他们指出,电磁波在 SNG－TL 中传播时,会转化为逐步消逝的瞬逝波,但是对于周期排布的结构可以在一定条件下呈现零反射特性和完全隧穿效应等。2007 年,H.－Y. Li 等人研究并制作了 SNG－TL。他们指出,SNG－TL 的阻带与一维光子晶体中的 Bragg 带隙不同,其阻带特性不取决于传输线的长度,即传输线的阻带特性受单元间误差影响是比较小的[74]。国防科学技术大学的张辉博士利用非平衡状态 CRLH－TL 周期排列构造了 ENG－TL 和 MNG－TL[72]。在非平衡状态下,CRLH－TL 的传输禁带呈现单负特性。具体而言,当微带线加载 LC 元件的特性阻抗小于传输线的特性阻抗时,传输线呈电负特性;当微带线加载 LC 元件的特性阻抗大于传输线的特性阻抗时,传输线呈磁负特性。此外,一些学者通过在主传输线上刻蚀缝隙,并在介质板的背面正对缝隙中心处加载金属贴片,设计了 MNG－TL[75]。还有一些学者通过在主传输线上周期性加载金属化过孔或短路枝节设计了 ENG－TL[76]。若将蘑菇结构形式的二维 CRLH－TL 中各贴片之间的电容缝隙去掉可以实现二维 ENG－TL[17]。

4.简化复合左右手传输线

随着对 CRLH－TL 研究的不断深入,一些学者对 CRLH－TL 进行了拓展研究,提出了 DCRLH－TL,SCRLH－TL,ECRLH－TL 新型传输线。在 SCRLH－TL 的研究方面,东南大学的 X.－Q. Lin 在 2006 年通过去掉 CRLH－TL 电路模型中的串联左手电容或并联左手电感提出了结构更加简单的 SCRLH－TL[70]。西安电子科技大学的龚建强则提出了一种在通带内 Bloch 阻抗连续平滑分布的新型 SCRLH－TL,克服了文献[70]中 SCRLH－TL 不具备宽带阻抗匹配特性的缺点[77]。

此外,平面人工传输线可控的色散特性可以用于实现传统传输线不能实现的可控的多阶谐振频率,如采用 CRLH－TL 能够实现负阶、零阶和正阶谐振模式;采用 SNG - TL 能够实现零阶和正阶谐振模式等。这些谐振模式常被用于小型化和双/多频器件的设计。

1.2　平面人工传输线应用研究现状

随着许多新颖平面人工传输线的提出,其应用研究也得到了发展。利用平面人工传输线丰富的色散特性和媒质特性不仅能够实现天馈线系统中器件的小型化、双/多频、宽带等,还能够实现具有常规传输线在天馈线系统中不能实现的新功能。

1. 小型化应用

在保证基本特性的前提下,实现微波器件的小型化是天馈线系统中的一个重要课题。通过构造结构紧凑的平面人工传输线可以实现器件小型化设计。目前,平面人工传输线在滤波器、功分器、耦合器以及天线单元的小型化方面均得到了应用[6,19,78-98]。在滤波器设计方面,电子科技大学的杨涛博士在开路类 CRLH - TL 的基础上提出了尺寸更小、性能更好的两端分别为开路和短路的 CRLH - TL,并将其用于无源器件的设计[6,78-79]。他采用所提出的传输线型谐振器分别设计了二阶和四阶带通滤波器、巴伦滤波器,这些器件具有尺寸小、选择性高、抑制度好等优点。浙江大学张巧利提出了 EBG 结构和 CRLH - TL 加载的基片集成波导(Substrate Integrated Waveguide,SIW),并设计了带通滤波器,该滤波器具有尺寸小、选择性好等优点[80]。在功分器设计方面,文献[83]基于零相移特性的超材料移相线设计了一分四路的串馈功分器。与传统传输线设计的串馈功分器相比,基于超材料移相线的功分器尺寸得到了大幅减小。华南理工大学张洪林博士采用 CRLH - TL 设计了频率比可调的双频等分和不等分功分器。与传统方法相比,他所设计的功分器在保证基本电性能的同时,具有电尺寸小、隔离度好、平衡度好、高频的带宽宽等优点[69]。在耦合器设计方面,文献[86]则采用具有非连续特性的传输线设计了小型化分支线耦合器,其尺寸仅为传统分支线耦合器的 40%。文献[87]采用小型化 CRLH - TL 设计了面积仅为传统结构 22.8% 的分支线耦合器,该方法主要通过增强 CRLH - TL 的串联电容和并联电感实现工作频带的降低,从而实现传输线的小型化。在利用 SW - TL 设计小型化天线方面,P. - L. Chide 采用周期性加载并联电容的方式获得了具有较大慢波因子的传输线,并基于该传输线设计了如图 1 - 12 所示的小型化天线单元[88]。利用 CRLH - TL 的负阶、零阶谐振特性也能够实现天线单元的小型化[89-98]。

S. Baek采用在地板上加载螺旋缝隙的方法进一步实现了零阶谐振频率的降低。采用该方法设计的天线单元与传统的零阶谐振天线相比,尺寸减小了78%;而与传统的半波长微带贴片天线相比,尺寸减小了95%。Y.-D. Dong提出了如图1-13所示的工作于负阶谐振频率的基片集成波导缝隙天线,与传统的微带贴片天线相比,在保证增益和效率的情况下实现了小型化[96]。

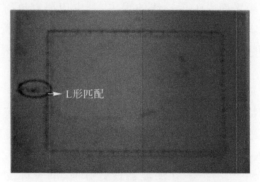

图1-12　文献[88]提出的小型化天线

图1-13　文献[96]提出的小型化天线

2. 双/多频应用

采用传统传输线难以实现双频器件的设计,因为在传统传输线的端口阻抗确定后,满足匹配的频点是基频的倍数。与传统传输线不同,平面人工传输线可控的色散特性可以在独立可控的两个或多个频点同时实现端口的阻抗匹配和相位匹配。这一特性可以用于实现双/多频器件的设计,如功分器、天线单元等[46,50,99-109]。

在双/多频滤波器设计方面,逯科采用DCRLH-TL设计了一个具有4个通带的带通滤波器[50],A. Genc等人采用CSRR和SRR设计了双通带滤波器[99]。在双/多频功分器的设计方面,采用集总元件CRLH-TL可以设计如图 1-14 所示的双频功分器,其传输线部分的尺寸仅为 7 mm×10 mm,且在两个工作频带内输出口之间具有良好的隔离度[46]。A.-C. Papanastasiou 等人采用负折射率传输线设计了如图 1-15 所示的工作于 4 个频段的 Wilkinson 功分器,其中心频率分别为 0. 76 GHz,1. 4 GHz,2. 64 GHz 和 3. 47 GHz[100]。在这 4 个中心频率处,功分器具有高隔离度的优点。在耦合器和混合环的设计方面,不仅可以采用集总元件形式的 CRLH-TL 和基于 CSRR 结构的 CRLH-TL 实现双频[101-104],也可以采用 DCRLH-TL 实现双频[50]。

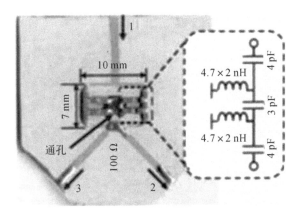

图 1-14　基于集总元件的双频功分器

图 1-15　文献[100]提出的四频功分器

在双/多频天线的设计中,S.-T. Ko 基于 CRLH-TL 设计了双频圆极化天线[105-106]。他将工作于-1 阶谐振模式的天线嵌入到传统环形天线中,并共用一个馈电点,实现双频段圆极化特性,其结构如图 1-16 所示。天线工作的中心频率为 2.89 GHz 和 3.825 GHz,且尺寸仅为 14 mm×14 mm。Y. - H. Ryu 采用矩形枝节和地面缺陷结构加载的方式设计了一个 DCRLH - TL[107]。由于该传输线具有两个左手频带和两个右手频带,其产生的谐振模式比传统 CRLH - TL 更多。利用其所设计的天线结构如图 1 - 17 所示,该天线分别工作在−1 阶、0 阶、+1 阶谐振模式。M. - A. Antoniades 采用 4 个负折射特性单元结构设计了偶极子天线。4 个单元的结构可以有负阶、零阶和正阶多个谐振,便于设计双频段或多频天线[109]。文献[109]中给出的三频天线工作在 1.12 GHz,2.83 GHz,3.34 GHz,且 3 个频段具有与偶极子天线相同的天线方向图。华南理工大学的王辰博士利用蘑菇型结构加载金属帽实现了小型化的多频天线[110]。

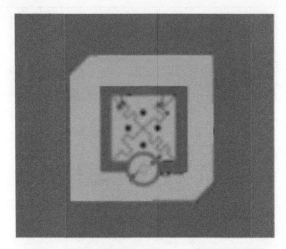

图 1 - 16　基于 CRLH - TL 的双频圆极化天线

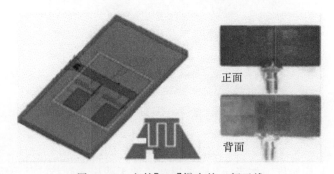

正面

背面

图 1 - 17　文献[107]提出的三频天线

3. 宽带应用

传统传输线的相位特性是线性的,通常只能设计窄带器件,而平面人工传输线的相位是非线性的,通过合理的参数控制能够实现宽频带内稳定的相位特性,这一特性可用于宽带器件的设计。目前,平面人工传输线在宽带器件的设计主要集中在超宽带滤波器、差分移相器、天线等方面[19,111-119]。

在 UWB 滤波器的设计方面,西安电子科技大学的李奇博士采用 CRLH - TL 和 SRR 设计了具有良好高频特性的 UWB 滤波器[111]。华南理工大学的黄健全博士则利用新提出的 CRLH - TL 设计了比文献[112]中滤波器的性能更加优越的 UWB 滤波器,改善了选择性,且其尺寸仅为文献中滤波器的 25%[19]。K. - U. Ahmed 则利用一个单元的 CRLH - TL 设计了尺寸紧凑的 UWB 滤波器,且其通带内插入损耗仅为 0.5 dB。在该滤波器的设计中,采用感性短路枝节实现了良好的带外抑制特性[113]。基于宽带特性的传输线,还可以设计宽带差分移相器[114-116]。在宽带或 UWB 天线的设计方面,J. - K. Ji 等人将 CRLH - TL 的 +1 阶和 0 阶两个谐振模式进行级联,设计了一个如图 1 - 18 所示的工作带宽为 20.3% 的天线[117]。M. - A. Antoniades 等人采用具有负折射率特性的传输线加载的方法实现了如图 1 - 19 所示的具有双模工作特性的单极子天线,其工作频带为 3.14 ~ 7.2 GHz,且辐射效率达到了 90%[118]。

图 1 - 18　文献[117]提出的宽频天线

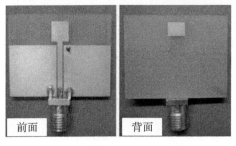

图 1 - 19　文献[118]提出的宽频天线

4. 谐波抑制中的应用

采用传输线的高频阻带可以设计具有谐波抑制功能的器件[43,120-124]。电子科技大学何俊博士在采用 SW - TL 设计小型化功分器的基础上,进行电容加载,使功分器在小型化的同时实现了谐波抑制功能[43]。M. - K. Mandal 利用 CSRR 的带阻效应设计了一款紧凑型、低插入损耗的低通滤波器,实现了 3 dB 截止频率、3.4 倍频程范围内的 20 dB 抑制[120]。S. Dwari 在文献[121]的基础上进行了优化设计,实现了 3 dB 截止频率、13.75 倍频程范围内的 20 dB 抑制[121]。H. - Y. Zeng 等人和 H. - X. Xu 等人则分别采用单环谐振器和希尔伯特分形结构设计了谐波抑制功能的低通滤波器[122-123]。J. - P. Wang 则采用 SW - TL 设计了具有谐波抑制功能的小型化分支线耦合器,尺寸仅为传统分支线耦合器的 28%[124]。此外,利用传输线结构的带阻特性还可以设计具有谐波抑制功能的天线。

5. 谐振器应用

采用平面人工传输线非线性的色散关系可以获得谐振频率独立可控的多频谐振[19,46,50]。对 SW - TL 而言,虽然只能实现正阶谐振,但是通过色散特性控制,可以用其设计出多个正阶模式的谐振器。对单负传输线和 CRLH - TL 而言,两者均可实现零阶谐振。从理论上来说,零阶谐振频率和物理长度无关,可以取任意值,因此谐振器的尺寸可以无限小。此外,CRLH - TL 还能够实现负阶谐振,由于负阶谐振模式工作于比零阶模式更低的频带,其在小型化方面更具优势。

6. 阵列天线中的应用

当前,平面人工传输线不仅可以应用于单个器件的设计,也可用于阵列天线。在阵列天线和馈电电路方面,M. Bemani 采用集总元件设计了一分三路双频串馈功分器,其工作频率为 0.915 GHz 和 2.44 GHz[125]。该功分器与线极化单极子天线集成了如图 1 - 20 所示的阵列天线,集成后天线具有一致的方向图特性。J. - H. Choi 则同样采用集总元件实现的 CRLH - TL 设计了一分四路相控阵馈电网络[126]。该网络能够同时利用输出端口的相位超前和滞后特性控制天线波束指向,双频天线系统的结构如图 1 - 21 所示。他还利用 CRLH - TL 设计了频率扫描相控阵馈电网络[127]。图 1 - 22(a)为输出信号幅度相等的网络,图 1 - 22(b)为输出信号幅度不同的网络。

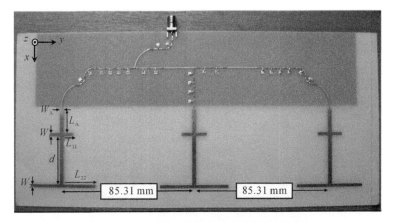

图 1-20 文献[125]提出的单极子阵列天线

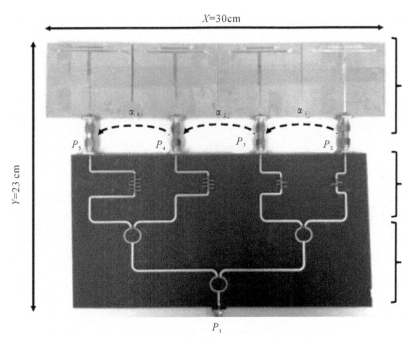

图 1-21 文献[126]提出的双频阵列天线

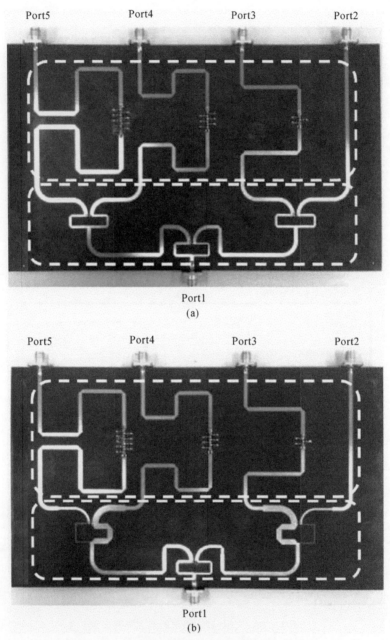

图 1-22　文献[127]提出的频扫相控阵馈电网络

(a)等幅输出；　(b)不等幅输出

　　在国内,中国科学技术大学徐善驾教授的研究小组在平面人工传输线应用于天馈线系统方面做了大量工作。朱旗基于紧凑型 LH - TL 设计了具有极化隔离度高和交叉极化电平低等优点的宽带串馈双极化阵列天线。该天线的垂直极化分量是基于上层微带边馈方式实现的,水平极化分量是基于下层孔耦合馈电方式实现的。此外,他们利用左手传输线的相位超前特性和右手传输线的相位滞后特性设计了零相位线,实现了对阵列中单元的串联馈电,该阵列天线适用于设计大型天线阵[128]。李雁同样利用 CRLH - TL 的相位超前特性对传统传输线的相位滞后特性进行弥补,从而对各天线单元同相馈电实现了波束聚焦,提高了增益,阵列天线结构如图 1 - 23 所示[129]。文献[130]将左手结构设计的零相位微带线作为馈线设计了实现定向波束的串馈天线阵。与传统馈线相比,新型馈线避免了天线单元间相位差导致的波束偏离。朱旗采用交指型微带结构作为天线单元,实现了天线小型化[131]。所设计的天线尺寸仅为传统贴片天线的 51%,相比于倒 F 天线,其定向性和增益得到了增强。他还采用该单元设计了结构如图 1 - 24 所示的 4×4 天线阵,在基本保证天线性能的前提下实现了阵列小型化。此外,哈尔滨工业大学的陈晚研究了二维 CRLH - TL,并用其设计了具有圆极化功能的电扫描漏波天线阵[132]。西南交通大学的李雪对基于 CRLH - TL 的微带天线单元的组阵也进行了研究[133]。

图 1 - 23　文献[129]提出的阵列天线

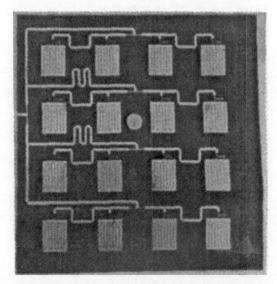

图 1 - 24   文献[131]提出的阵列天线

从平面人工传输线的研究及应用可以看出,平面人工传输线在微波器件和天馈线系统的设计方面应用广泛。但是,平面人工传输线的设计及其应用方面仍然具有潜力可挖,也有很多亟待解决的问题,结构创新有待突破,应用范围有待拓展,且需要与实际应用接轨。

基于上述背景,本书主要研究平面人工传输线及其谐波抑制功能的波束可调阵列天线、宽带宽角频率阵列天线及宽带单脉冲天线系统中的应用理论和工程设计问题:

(1)提出一种新型宽带谐波抑制功能的 SW - TL,给出 SW - TL 单元结构等效电路,并研究 SW - TL 传播常数、复阻抗、慢波因子及群时延等特性参数;发现所提出的新型慢波传输线具有阻抗一致性好、慢波因子大、群时延性好的通带特性,在 3.35～18 GHz 范围内呈现阻带特性,并且电长度为 90°时,尺寸仅为传统传输线的 30%。

(2)首先,基于提出的新型 SW - TL 设计用于 Butler 矩阵所需的关键器件,主要包括 3 dB 分支线耦合器、0 dB 跨接电桥、45°移相器和 0°移相器等;其次,基于关键器件设计 Butler 矩阵,仿真分析 Butler 矩阵各端口幅相特性;然后,提出一种分形结构的平行双线单元,并用其设计小型化天线单元,分析阵列天线特性;最后,将 4 个天线单元和 Butler 矩阵结合集成波束可调的阵列天线。

（3）在分析交指电容高频谐振产生机理的基础上提出一种消除传统交指电容高频谐振的方法，所提出的新型交指电容具有宽带特性。基于新型交指电容设计宽带分布式复合左右手传输线，并进行分析。与基于传统交指电容的复合左右手传输相比，所提出的宽带复合左右手传输线具有更低的左手和右手通带。

（4）基于提出的宽带复合左右手传输线设计宽带频率扫描馈电网络。利用左右手传输线左手通带相位超前和右手通带相位滞后的特性，结合宽带威尔金森功分器，设计能够同时用于前向和后向扫描的馈电网络。为了验证馈电网络性能，将所设计的紧耦合准八木天线四元阵与网络集成为 E 面扫描的频率扫描阵列天线，所设计的阵列天线能在宽带范围实现大角度扫描。

（5）对单脉冲天线系统的工作原理和方向图特性进行分析，提出基于交指电容加载的的简化复合左右手传输线，给出等效电路并进行特性分析；在此基础上，设计超宽带差分移相器。

（6）按照和差网络的拓扑结构，利用提出的单一左右手传输线宽带移相器的设计方法分别设计宽带 45°移相器、90°移相器结和超宽带耦合器，并集成宽带和差网络，用紧耦合 Vivaldi 天线四元阵设计宽带单脉冲天线系统。所设计的天线系统在宽带范围内具有良好的辐射特性，验证了和差波束馈电网络的性能。

1.3　本书的内容安排

本书的内容安排具体如下：

第 1 章：绪论。总结 SW‐TL、CRLH‐TL 和 SCRLH‐TL 等平面人工传输线的研究现状；介绍平面人工传输线在天馈线系统中的应用研究现状。

第 2 章：平面人工传输线基本理论。依据均匀传输线的基本理论，给出平面人工传输线的一般模型，并对 SW‐TL、CRLH‐TL 和 SCRLH‐TL 增量单元等效电路进行分析，说明平面人工传输线的特性；并结合全书内容给出基于 S 参数提取传输线等效电路参数和特征量的方法。

第 3 章：基于新型慢波传输线的波束可调阵列天线。本章设计新型 SW‐TL，给出 SW‐TL 的等效电路，并对传输线进行特性分析；采用 SW‐TL 设计小型超宽带谐波抑制 Butler 矩阵；设计工作于 0.915 GHz 的小型化天线，研究平行双线的特性和天线单元的阵列特性，并与所设计的 Butler 矩阵实现一体化设计，集成为具有谐波抑制功能的波束可调阵列天线。

第 4 章:基于双层复合左右手传输线的频率扫描阵列天线。本章在分析传统交指结构特性的基础上提出一种可以用于谐振消除的方法,以展宽传输线的带宽,并在此基础上设计 CRLH - TL,分析其特性;设计基于双层 CRLH - TL 的移相线和宽带 Wilkinson 功分器,并集成为频率扫描馈电网络;为了验证馈电网络特性,设计一个有源阵子相互连接的宽带准八木天线,并与频率扫描馈电网络集成为频率扫描阵列天线。

第 5 章:基于新型简化复合左右手传输线的宽带单脉冲阵列天线。本章在研究 IDC 加载的 SCRLH - TL 特性的基础上设计 45°超宽带移相器;给出单脉冲天线系统的工作原理,并对影响单脉冲天线方向图特性的因素进行简要分析;利用超宽带耦合器和 90°差分移相器设计宽带和差网络;设计超宽带 Vivaldi 天线,并与和差网络集成宽带单脉冲阵列天线。

第 6 章:总结与展望。对平面人工传输线的设计研究和在相控阵天线系统中的应用进行总结,并对未来平面人工传输线及其在天馈线系统中的应用前景进行展望。

第 2 章　平面人工传输线基本理论

　　平面人工传输线是异向介质的平面传输线实现形式,它克服了异向介质频带窄、损耗大的缺点。与均匀传输线相比,平面人工传输线具备更加丰富的电磁特性,如色散关系的可控性,媒质参数正负取值的不确定性等。利用平面人工传输线的电磁特性可以设计出小型化、双/多频、宽带甚至是新功能器件。可以说,平面人工传输线在工程中具有非常重要的实用价值。本章主要在分析平面人工传输线一般模型的基础上分析典型平面人工传输线的基本特性,并探讨如何采用 S 参数提取等效电路集总参数元件值和传输线特性参数,为后续研究提供理论支持和分析方法。

2.1　平　面　人　工　传　输　线

　　微波传输线既可以用于信号和能量的传递,也可以用于各种微波元器件的设计。它主要包括以下三种类型:一是用于传输横电磁波的双导体结构传输线,如微带线、同轴线等;二是用于传输横电波或横磁波的均匀填充介质波导管,如矩形波导、圆波导等;三是用于传输横电波和横磁波的混合波的介质波导,如介质线和镜像线等[134]。与其他形式的传输线相比,微带线具有结构简单、易于加工、易于集成等优点,并且可以通过调整平面结构参数来实现传输特性的控制。本书主要针对微带形式的平面人工传输线及其在天线系统中的应用展开研究。

　　通常,人工传输线是一类利用尺寸远小于波长的人工结构代替均匀传输线的增量单元来实现的等效均匀传输线。增量单元是最基本的组成结构,其特性决定了整个传输线的特性。本节将对传输线的增量单元特性进行分析。首先,采用一般模型分析平面人工传输线的特性参数;然后,对 SW - TL,CRLH - TL 和 SCRLH - TL 等平面人工传输线增量单元的集总等效电路进行特性分析。

2.1.1　平面人工传输线一般模型

　　人工传输线是由尺寸远小于波长的结构组成的。为了便于分析、设计和加工,常采用周期结构来实现人工传输线。因此,可以采用如图 2-1 所示的多个传输线增量单元组成的周期网络结构对人工传输线进行分析。其中,每一个单元是由串联阻抗 Z 和并联导纳 Y 组成的。需要指出的是,该网络结构是一个抽象模型,所得到的相应结论可以推广到各种具体的传输线结构。该模型是由 N 个长度为 p 的增量单元组成的。通常,人工传输线增量单元物理长度一定,对应频带窄,无法满足在无限带宽内等效为均匀媒质的要求,但只要增量单元的物理长度小于 1/4 波导波长,就可等效为均匀人工传输线。

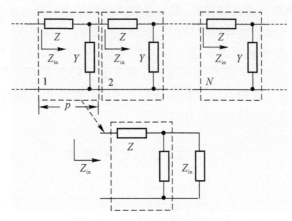

图 2-1　人工传输线网络结构

考虑如图 2-1 所示的人工传输线结构,每个增量单元的输入阻抗均相等,取其中一个增量单元即可对输入阻抗 Z_{in} 进行分析,得到如下关系,有

$$Z_{in} = Z + \left[\left(\frac{1}{Y}\right) \parallel Z_{in}\right] = Z + \frac{Z_{in}/Y}{1/Y + Z_{in}} \tag{2-1}$$

简化式(2-1),可得以 Z_{in} 为自变量的一元二次方程为

$$YZ_{in}^2 - YZZ_{in} - Z = 0 \tag{2-2}$$

解方程式(2-2)可得

$$Z_{in} = \frac{Z \pm \sqrt{Z^2 + 4(Z/Y)}}{2} = \frac{Z}{2}\left[1 \pm \sqrt{1 + \frac{4}{ZY}}\right] = R_{in} + jX_{in} \tag{2-3}$$

依据传输线基本理论,当式(2-3)中输入阻抗 Z_{in} 的实部 R_{in} 不等于零时,电磁波才能在该传输线上进行传播。考虑无耗条件,设图 2-1 所示的增量单元结构中串联部分只包含电抗元件,即阻抗 Z 为纯虚数。此时,为了保证 R_{in} 不等于零,需要满足条件:$1 + 4/ZY < 0$。由式(2-3)可知,当 Z 为纯虚数且 $1 + 4/ZY < 0$ 时,输入阻抗 Z_{in} 的实部 R_{in} 不等于零,电磁波能够传播[50]。

$1+4/ZY$ 取不同值时，输入阻抗不同，电磁波在传输线中状态也不同[46,50]：

(1) 若 $1+4/ZY<0$，R_{in} 不为零，则电磁波可以在传输线中传播，所对应的频带为通带。

(2) 若 $1+4/ZY>0$，Z_{in} 为纯虚数，则电磁波不能在传输线中传播，所对应的频带为阻带。

(3) 若 $1+4/ZY=0$，即 $ZY=-4$，则 R_{in} 等于 0；若 $ZY=0$，则 Z_{in} 达到极点。在这两种状态附近，Z_{in} 或 R_{in} 都发生符号的改变，对应于两个截止频率。

为了得到人工传输线的特性阻抗 Z_0、传播常数 γ、相速度 v_p 和相波长 λ_p 等参数，对如图 2-2 所示的增量单元模型进行分析。其中，电压 v 和电流 i 均为距离 z 和时间 t 的函数，Δz 为增量单元的长度。与图 2-1 对应，$z=Np$，$p=\Delta z$。

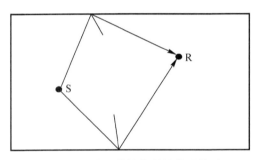

图 2-2 人工传输线增量单元模型

由基尔霍夫定律可知，增量单元上电压和电流具有如下变化关系[134]：

$$\left.\begin{aligned}v(z,t)-v(z+\Delta z,t)&=Z\Delta zi(z,t)\\i(z,t)-i(z+\Delta z,t)&=Y\Delta zv(z+\Delta z,t)\end{aligned}\right\} \tag{2-4}$$

等式两边同时除以 Δz，并令 $\Delta z \to 0$，可得

$$\left.\begin{aligned}\frac{\partial v(z,t)}{\partial z}&=-Z\frac{\partial i(z,t)}{\partial t}\\\frac{\partial i(z,t)}{\partial z}&=-Y\frac{\partial v(z,t)}{\partial t}\end{aligned}\right\} \tag{2-5}$$

式(2-5)为传输线电报方程。

对于增量单元，其瞬时电压 v 和瞬时电流 i 可以用角频率 ω 表示为

$$\left.\begin{aligned}v(z,t)&=\mathrm{Re}[V(z)\mathrm{e}^{\mathrm{j}\omega t}]\\i(z,t)&=\mathrm{Re}[I(z)\mathrm{e}^{\mathrm{j}\omega t}]\end{aligned}\right\} \tag{2-6}$$

式中，$V(z)$ 和 $I(z)$ 为复振幅。将式(2-6)代入式(2-5)，可以得到时谐传输线的方程为

$$\left.\begin{array}{l}\dfrac{\mathrm{d}V(z)}{\mathrm{d}z}=-ZI(z)\\[2mm]\dfrac{\mathrm{d}I(z)}{\mathrm{d}z}=-YV(z)\end{array}\right\}\qquad(2-7)$$

为求解式(2-7)，两个等式的两边对 z 再求一次微分，可得

$$\left.\begin{array}{l}\dfrac{\mathrm{d}^2V(z)}{\mathrm{d}z^2}=-Z\dfrac{\mathrm{d}I(z)}{\mathrm{d}z}\\[2mm]\dfrac{\mathrm{d}^2I(z)}{\mathrm{d}z^2}=-Y\dfrac{\mathrm{d}V(z)}{\mathrm{d}z}\end{array}\right\}\qquad(2-8)$$

将式(2-7)代入式(2-8)，且令 $\gamma^2=ZY$，可得波动方程为

$$\left.\begin{array}{l}\dfrac{\mathrm{d}^2V(z)}{\mathrm{d}z^2}-\gamma^2V(z)=0\\[2mm]\dfrac{\mathrm{d}^2I(z)}{\mathrm{d}z^2}-\gamma^2I(z)=0\end{array}\right\}\qquad(2-9)$$

式(2-9)的通解为

$$\left.\begin{array}{l}V(z)=V_\mathrm{i}(z)\mathrm{e}^{-\gamma z}+V_\mathrm{r}(z)\mathrm{e}^{\gamma z}\\[2mm]I(z)=\dfrac{1}{Z_\mathrm{c}}[V_\mathrm{i}(z)\mathrm{e}^{-\gamma z}-V_\mathrm{r}(z)\mathrm{e}^{\gamma z}]\end{array}\right\}\qquad(2-10)$$

式中，$V_\mathrm{i}(z)$ 和 $V_\mathrm{r}(z)$ 分别为 z 点入射电压波和反射电压波的复振幅。其中

$$Z_\mathrm{c}=\frac{Z}{\gamma}=\sqrt{\frac{Z}{Y}},\quad\gamma=\alpha+\mathrm{j}\beta=\sqrt{ZY}\qquad(2-11)$$

式中，Z_c 和 γ 分别为传输线的特性阻抗和传播常数。若只考虑传输线无耗的情况，即 $\alpha=0$，由方程组式(2-10)可以得到电压和电流波在人工传输线上传播的相速为

$$v_\mathrm{p}=\frac{\omega}{\beta}=\frac{\omega}{\sqrt{ZY}}\qquad(2-12)$$

由相速 v_p 可求得相波长 λ_p 为

$$\lambda_\mathrm{p}=\frac{2\pi}{\beta}=\frac{2\pi}{\sqrt{ZY}}\qquad(2-13)$$

群速 v_g 为

$$v_\mathrm{g}=\frac{\partial\omega}{\partial\beta}=\frac{\partial\omega}{\partial\sqrt{ZY}}\qquad(2-14)$$

相应地，当横电磁波在各向同性的均匀媒质中传播时，电场强度 **E**、磁场

强度 $\boldsymbol{H}$ 和波矢量 $\boldsymbol{k}$ 三者两两正交[135]。根据 Maxwell 方程组, 电场指向沿 x 轴正向的电磁波沿着 z 轴正向传播时, 场的表达式为

$$\left.\begin{aligned}\frac{\partial E_x(z)}{\partial z}=-\mathrm{j}\omega\mu_{\text{eff}}H_y(z)\\[2mm]\frac{\partial H_y(z)}{\partial z}=-\mathrm{j}\omega\varepsilon_{\text{eff}}E_x(z)\end{aligned}\right\}\qquad(2-15)$$

式中, ε_{eff} 和 μ_{eff} 分别为均匀各向同性媒质的等效介电常数和磁导率。比较式 (2-7) 和式 (2-15) 可知, 微分方程组形式是一致的。若 $E_x(z)$ 和 $H_y(z)$ 分别与 $V(z)$ 和 $I(z)$ 相互映射, 则式 (2-7) 与式 (2-15) 相互映射, 由此可得

$$\varepsilon_{\text{eff}}=\frac{Y}{\mathrm{j}\omega},\quad\mu_{\text{eff}}=\frac{Z}{\mathrm{j}\omega}\qquad(2-16)$$

由文献[19]和文献[134]可知, 电压波在均匀传输线上的传播特性与横电磁波在等效均匀各向同性媒质中的传播特性相同, 即两者具有相同的参数特性。因此, 可以采用等效媒质参数 μ_{eff} 和 ε_{eff} 来对传输线的电磁特性进行研究。采用 μ_{eff} 和 ε_{eff} 计算均匀传输线的特性阻抗 Z_c、相移常数 β、相速 v_p、相波长 λ_p 及群速 v_g 的表达式为[134]

$$\left.\begin{aligned}Z_c&=\sqrt{\frac{\mu_{\text{eff}}}{\varepsilon_{\text{eff}}}}=\sqrt{\frac{Z}{Y}}\\[2mm]\beta&=s(\omega)\omega\sqrt{\mu_{\text{eff}}\varepsilon_{\text{eff}}}=s(\omega)\sqrt{ZY}\\[2mm]v_p&=\frac{\omega}{\beta}=s(\omega)\frac{1}{\sqrt{\mu_{\text{eff}}\varepsilon_{\text{eff}}}}=s(\omega)\frac{1}{\sqrt{ZY}}\quad s(\omega)=\pm1\\[2mm]v_g&=\frac{\partial\omega}{\partial\beta}\end{aligned}\right\}\qquad(2-17)$$

由式 (2-15) 和式 (2-16) 可知, 人工传输线的特性参数随着增量单元串联阻抗 Z 和并联导纳 Y 的变化而改变, 通过构造具有不同 Z 和 Y 的增量单元即可实现对传输线的色散特性和其等效媒质参数的控制, 从而实现新功能。

2.1.2　典型平面人工传输线集总模型分析

根据 2.1.1 小节对人工传输线特性参数的分析, 本小节将对 SW-TL, CRLH-TL 和 SCRLH-TL 的集总等效电路进行分析。

1. 慢波传输线 (SW-TL)

若在一定频段范围内, 能够增大均匀传输线增量单元上 L_R 或 C_R 的值, 就能获得等效媒质参数比均匀传输线值更大的 SW-TL。通常, 平面 SW-TL 的实现方式主要有以下几种: 多层介质技术、加载并联电容、加载串联电感、单

元级联、DGS 等[19,24-45]。这里,只对串联支路上加载电感和并联支路上加载电容的情况进行讨论。图 2-3(a)(b) 分别给出了在均匀传输线上加载串联电感和并联电容实现的 SW-TL 增量单元模型。

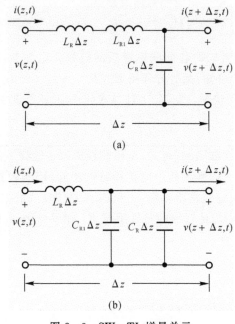

图 2-3　SW-TL 增量单元

(a)加载电感;　(b)加载电容

以图 2-3(a)所示的增量单元为例,对 SW-TL 的特性参数进行分析。由图 2-3(a)可知,加载串联电感后等效电路的串联阻抗 Z 和并联导纳 Y 为

$$Z = j\omega(L_R + L_{R1}), \quad Y = j\omega C_R \tag{2-18}$$

其输入阻抗为

$$Z_{in} = \frac{j\omega(L_R + L_{R1})}{2}\left[1 \pm \sqrt{1 - \frac{4}{\omega^2(L_R + L_{R1})C_R}}\right] \tag{2-19}$$

根据条件 $1 + 4/ZY = 0$ 可得 SW-TL 的截止频率 ω_c 为

$$\omega_c = \frac{2}{\sqrt{(L_R + L_{R1})C_R}} \tag{2-20}$$

SW-TL 呈现低通特性,故 ω_c 为高频处截止频率。

根据式(2-16),可得图 2-3(a)所示模型的等效介电常数 ε_{eff} 和磁导率 μ_{eff} 分别为

$$\varepsilon_{\text{eff}} = C_{\text{R}}, \quad \mu_{\text{eff}} = L_{\text{R}} + L_{\text{R1}} \qquad (2-21)$$

将其代入式(2-17),可得 SW-TL 的特性参数为

$$\left.\begin{array}{l} Z_{\text{c}} = \sqrt{\dfrac{L_{\text{R}} + L_{\text{R1}}}{C_{\text{R}}}} \\[3mm] \beta = \omega\sqrt{(L_{\text{R}} + L_{\text{R1}})C_{\text{R}}} \\[3mm] v_{\text{p}} = \dfrac{1}{\sqrt{(L_{\text{R}} + L_{\text{R1}})C_{\text{R}}}} \\[3mm] v_{\text{g}} = \dfrac{1}{\sqrt{(L_{\text{R}} + L_{\text{R1}})C_{\text{R}}}} \end{array}\right\} \qquad (2-22)$$

由式(2-21)和式(2-22)可以看出,通过增加均匀传输线增量单元的串联电感可以提高其等效磁导率,从而降低电磁波在传输线中的相速度,实现慢波效应。同样地,如图 2-3(b)所示,通过增加均匀传输线增量单元的并联电容可以提高其等效介电常数,从而降低电磁波在传输线中的相速度,实现慢波效应。除了上述参数,SW-TL 还有慢波因子(Slow-Wave Factor,SWF)和群时延等特性参数。SWF 用于衡量慢波结构所实现的慢波效应程度的大小[45],其定义为自由空间波长 λ_0 和慢波结构中波导波长 λ_{g} 的比值,即

$$\text{SWF} = \frac{\lambda_0}{\lambda_{\text{g}}} = \frac{c}{v_{\text{p}}} = \frac{c}{\omega/\beta} \qquad (2-23)$$

式中,c 为自由空间的光速。

在通信系统中,当信号具有很大的带宽时需要考虑网络中相位随频率的变化率,即需要考虑群时延特性。SW-TL 的群时延 t_{d} 为

$$t_{\text{d}} = \frac{\partial \beta}{\partial \omega}\Delta z \qquad (2-24)$$

2. CRLH-TL

与右手传输线相对应,图 2-4(a)所示为 LH-TL 增量单元的等效电路,其是通过将右手传输线模型等效电路中的串联电感 L_{R} 用电容 C_{L} 取代,并联电容 C_{R} 用电感 L_{L} 取代获得的。LH-TL 的串联阻抗 Z 和并联导纳 Y 为

$$Z = \frac{1}{\text{j}\omega C_{\text{L}}}, \quad Y = \frac{1}{\text{j}\omega L_{\text{L}}} \qquad (2-25)$$

其输入阻抗为

$$Z_{\text{in}} = \frac{1}{\text{j}2\omega C_{\text{L}}}\left[1 \pm \sqrt{1 - 4\omega^2 L_{\text{L}}C_{\text{L}}}\right] \qquad (2-26)$$

根据条件 $1 + 4/ZY = 0$ 可得 SW-TL 的截止频率 ω_{c} 为

$$\omega_c = \frac{1}{2\sqrt{L_L C_L}} \qquad (2-27)$$

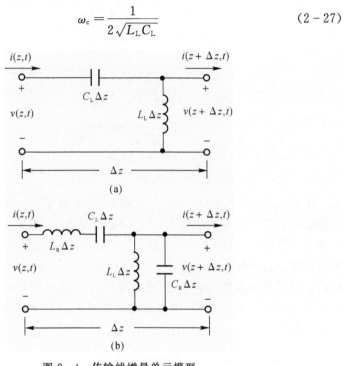

图 2-4 传输线增量单元模型

(a)LH - TL； (b)CRLH - TL

LH - TL 的等效参数 ε_{eff} 和 μ_{eff} 为

$$\varepsilon_{eff} = -\frac{1}{\omega^2 L_L}, \quad \mu_{eff} = -\frac{1}{\omega^2 C_L} \qquad (2-28)$$

由式(2-28)可以看出,对于任意频率 ω,传输线的等效介电常数 ε_{eff} 和等效磁导率 μ_{eff} 均为负值。LH - TL 的特性参数表达式为

$$\left. \begin{array}{l} Z_c = \sqrt{\dfrac{L_L}{C_L}} \\[2mm] \beta = -\dfrac{1}{\omega\sqrt{C_L L_L}} \\[2mm] v_p = -\omega^2\sqrt{C_L L_L} \\[2mm] v_g = \omega^2\sqrt{C_L L_L} \end{array} \right\} \qquad (2-29)$$

由式(2-29)可知LH-TL相速和群速反向平行,且它的相位不断超前。在实际传输线中,产生右手效应的串联电感和并联电容总存在,因而很难获得

纯左手效应传输线[136]。但是,通过人工构造传输线的方式可以实现在一定频段范围内呈现左手效应,在其他频段范围内仍然呈现右手效应的 CRLH - TL[136-138]。CRLH - TL 增量单元的等效电路如图 2 - 4(b)所示。其串联部分是由右手电感 L_R 和左手电容 C_L 组成的串联谐振支路,并联部分是由左手电感 L_L 和右手电容 C_R 组成的并联谐振回路。CRLH - TL 增量单元的串联阻抗 Z 和并联导纳 Y 分别为

$$Z = \mathrm{j}\omega L_R + \frac{1}{\mathrm{j}\omega C_L}, \quad Y = \mathrm{j}\omega C_R + \frac{1}{\mathrm{j}\omega L_L} \tag{2-30}$$

CRLH - TL 的输入阻抗为

$$Z_{in} = \mathrm{j}\left[\frac{(\omega/\omega_{se})^2 - 1}{2\omega C_L}\right]\left\{1 \pm \sqrt{1 - \frac{4(\omega/\omega_L)^2}{[(\omega/\omega_{se})^2 - 1][(\omega/\omega_{sh})^2 - 1]}}\right\} \tag{2-31}$$

式中,$\omega_{se} = \dfrac{1}{\sqrt{L_R C_L}}$,$\omega_{sh} = \dfrac{1}{\sqrt{L_L C_R}}$,$\omega_L = \dfrac{1}{\sqrt{L_L C_L}}$

CRLH - TL 的 ε_{eff} 和 μ_{eff} 表达式为

$$\varepsilon_{eff} = C_R - \frac{1}{\omega^2 L_L}, \quad \mu_{eff} = L_R - \frac{1}{\omega^2 C_L} \tag{2-32}$$

根据式(2 - 32)中 ε_{eff} 和 μ_{eff} 可以求得 CRLH - TL 的相移常数 β 的表达式为

$$\beta = s(\omega)\omega\sqrt{\left(C_R - \frac{1}{\omega^2 L_L}\right)\left(L_R - \frac{1}{\omega^2 C_L}\right)} \tag{2-33}$$

式中

$$s(\omega) = \begin{cases} -1, & \omega < \min(\omega_{se}, \omega_{sh}) \quad \text{左手} \\ +1, & \omega > \max(\omega_{se}, \omega_{sh}) \quad \text{右手} \end{cases}$$

分析式(2 - 33)可知,ω 取不同值时,ε_{eff} 和 μ_{eff} 的符号也不同:①当 $\omega < \min(\omega_{sh}, \omega_{se})$ 时,ε_{eff} 和 μ_{eff} 同为负值,CRLH - TL 工作于左手频段;②当 $\omega > \max(\omega_{sh}, \omega_{se})$ 时,ε_{eff} 和 μ_{eff} 同为正值,CRLH - TL 工作于右手频段;③当 $\min(\omega_{sh}, \omega_{se}) < \omega < \max(\omega_{sh}, \omega_{se})$ 时,式(2 - 33)中被开方数为负数,此时 β 为纯虚数,在该频率范围内 CRLH - TL 不能对波进行传播,呈现带阻特性,此时,CRLH - TL 工作于非平衡状态。考虑特殊情况,当 $\omega_0 = \omega_{sh} = \omega_{se}$ 时,非平衡情况下的禁带消失,CRLH - TL 工作于平衡状态。为了验证上述结论,采用式(2 - 33)计算得到如图 2 - 5 所示由 p 个如图 2 - 4(b)所示的 CRLH - TL 增量单元组成的传输线等效电路在平衡状态和非平衡状态下的色散曲线。该色散曲线是

在将左手部分曲线关于频率坐标轴进行对称后的结果。CRLH - TL 工作在平衡状态时的各个电路参数分别为 $L_R = L_L = 1\text{nH}, C_R = C_L = 1\text{pF}$;非平衡状态时的各个电路参数分别为 $L_R = 1\text{nH}, L_L = 3\text{nH}, C_R = 1\text{pF}, C_L = 0.4\text{pF}$[46]。

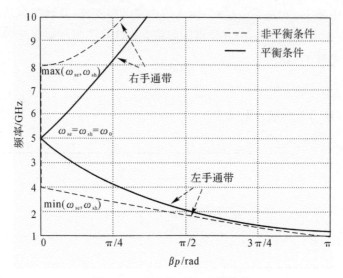

图 2 - 5   CRLH - TL 色散曲线

从图 2 - 5 可以看出,CRLH - TL 具有低频左手特性和高频右手特性;当 CRLH - TL 工作在非平衡状态时,左手通带和右手通带之间存在一个禁带;当 CRLH - TL 工作在平衡状态时,禁带消失。根据条件 $1 + 4/ZY = 0$ 可得 CRLH - TL 的截止频率。将 Z、Y 代入方程 $1 + 4/ZY = 0$ 并简化得

$$\omega^4 - \left\{\omega_{\text{se}}^2\omega_{\text{sh}}^2\left[\left(\frac{1}{\omega_{\text{se}}^2}\right) + \left(\frac{1}{\omega_{\text{sh}}^2}\right) + \left(\frac{1}{4\omega_R^2}\right)\right]\right\}\omega^2 + \omega_{\text{se}}^2\omega_{\text{sh}}^2 = 0 \quad (2-34)$$

若传输线工作于平衡态,并有

$$\left.\begin{aligned}\omega_0 &= \sqrt{\omega_{\text{se}}\omega_{\text{sh}}}\\\frac{1}{\omega_{\text{se}}^2} + \frac{1}{\omega_{\text{sh}}^2} &= L_R C_L + L_L C_R = \kappa\end{aligned}\right\} \quad (2-35)$$

将式(2 - 35)代入式(2 - 34)可得

$$\omega^4 - \left\{\left[\kappa + \left(\frac{1}{2\omega_R}\right)^2\right]^2\omega_0^4\right\}\omega^2 + \omega_0^4 = 0 \quad (2-36)$$

求解式(2 - 34)可得截止频率 ω_{c1} 和 ω_{c2} 的表达式为

$$\omega_{\text{c1}} = \omega_0\sqrt{\frac{\left[\kappa + 1/(2\omega_L)^2\right]\omega_0^2 - \sqrt{\left[\kappa + 1/(2\omega_L)^2\right]^2\omega_0^4 - 4}}{2}} \quad (2-37)$$

$$\omega_{c2} = \omega_0 \sqrt{\frac{[\kappa + 1/(2\omega_L)^2]\omega_0^2 + \sqrt{[\kappa + 1/(2\omega_L)^2]^2\omega_0^4 - 4}}{2}} \qquad (2-38)$$

若 CRLH - TL 工作于非平衡态,则式(2-34)多存在两个分别对应于带隙截止频率的极点。CRLH - TL 的特性参数表达式为

$$\left. \begin{aligned} Z_c &= \sqrt{\frac{L_R - \dfrac{1}{\omega^2 C_L}}{C_R - \dfrac{1}{\omega^2 L_L}}} \\ \beta &= s(\omega)\omega\sqrt{\left(C_R - \dfrac{1}{\omega^2 L_L}\right)\left(L_R - \dfrac{1}{\omega^2 C_L}\right)} \\ v_p &= s(\omega)\dfrac{1}{\sqrt{\left(C_R - \dfrac{1}{\omega^2 L_L}\right)\left(L_R - \dfrac{1}{\omega^2 C_L}\right)}} \\ v_g &= s(\omega)\dfrac{\partial\omega}{\partial\left[\omega\sqrt{\left(C_R - \dfrac{1}{\omega^2 L_L}\right)\left(L_R - \dfrac{1}{\omega^2 C_L}\right)}\right]} \end{aligned} \right\} \qquad (2-39)$$

3. SCRLH - TL

图 2 - 6 为两种 SCRLH - TL 增量单元模型。其中,图 2 - 6(a)是通过去掉图 2 - 4(b)所示的 CRLH - TL 增量模型中的串联电容 C_L 得到的;图 2 - 6 (b)是通过去掉并联电感 L_L 得到的。

考虑去掉 C_L 的情况,SCRLH - TL 增量模型的串联阻抗 Z、并联导纳 Y 的表达式为

$$Z = j\omega L_R, \quad Y = j\omega C_R + \frac{1}{j\omega L_L} \qquad (2-40)$$

相应的 ε_{eff} 和 μ_{eff} 表达式为

$$\varepsilon_{eff} = C_R[1 - (\omega_{sh}/\omega)^2], \quad \mu_{eff} = L_R \qquad (2-41)$$

式中

$$\omega_{sh} = \frac{1}{\sqrt{L_L C_R}}$$

由式(2-3)可求得

$$Z_{in} = \frac{j\omega L_R}{2}\left[1 \pm \sqrt{1 + \frac{4L_L}{L_R - \omega^2 L_R C_R L_L}}\right] \qquad (2-42)$$

SCRLH - TL 增量模型相移常数 β 的表达式为

$$\beta = \sqrt{\frac{L_R}{L_L} - \left(\frac{\omega}{\omega_R}\right)^2}, \quad \omega_R = \frac{1}{\sqrt{L_R C_R}} \qquad (2-43)$$

分析式(2 - 41)和式(2 - 43)可知,ω 取不同值时,ε_{eff} 的符号不同,β 的取值也不同:①当 $\omega < \omega_{sh}$ 时,ε_{eff} 负值,β 为纯虚数,则 $\omega < \omega_{sh}$ 的频段为阻带;②当 $\omega > \omega_{sh}$ 时,ε_{eff} 正值,β 为实数,则 $\omega > \omega_{sh}$ 的频段为通带。

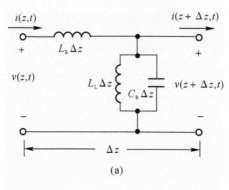

(a)

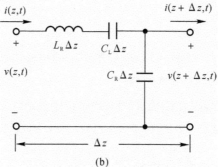

(b)

图 2 - 6　SCRLH - TL 增量单元模型

(a)去掉串联电容;　(b)去掉并联电感

图 2-7 所示为去掉 C_L 后 SCRLH - TL 的色散关系曲线,其中 $L_R = 2\text{nH}$,$L_L = 1\text{nH}$,$C_R = 1\text{pF}$。从图中可以看出,该传输线具有高通特性。

解方程 $1 + 4/YZ = 0$ 则可得到 SCRLH - TL 截止频率的表达式。将式 (2 - 40) 代入可得

$$4L_L + L_R - \omega^2 C_R L_R L_L = 0 \qquad (2-44)$$

解得截止频率表达式为

$$\omega = \sqrt{4\omega_{\mathrm{R}}^2 + \omega_{\mathrm{sh}}^2} \tag{2-45}$$

去掉 C_{L} 后的 SCRLH - TL 特性参数表达式为

$$\left.\begin{aligned} Z_{\mathrm{c}} &= \sqrt{\frac{-\omega^2 L_{\mathrm{R}} L_{\mathrm{L}}}{1 - \omega^2 C_{\mathrm{R}} L_{\mathrm{L}}}} \\ \beta &= \sqrt{\frac{L_{\mathrm{R}}}{L_{\mathrm{L}}} - \left(\frac{\omega}{\omega_{\mathrm{R}}}\right)^2} \\ v_{\mathrm{p}} &= \omega \Big/ \sqrt{\frac{L_{\mathrm{R}}}{L_{\mathrm{L}}} - \left(\frac{\omega}{\omega_{\mathrm{R}}}\right)^2} \\ v_{\mathrm{g}} &= \partial\omega \Big/ \partial\left[\sqrt{\frac{L_{\mathrm{R}}}{L_{\mathrm{L}}} - \left(\frac{\omega}{\omega_{\mathrm{R}}}\right)^2}\right] \end{aligned}\right\} \tag{2-46}$$

采用同样的方法,即可得到去掉并联电感 L_{L} 后 SCRLH - TL 的特性参数。

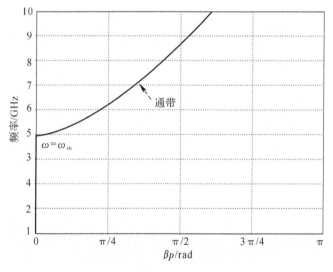

图 2 - 7　SCRLH - TL 色散曲线

2.2　平面人工传输线参数提取方法

获得传输线特性参数的主要方式有两种:①从微观角度求解特性参数,即获得相应等效电路集总元件值,然后采用所得集总元件值计算特性参数;②从宏观角度求解特性参数,即通过获取传输线等效媒质参数 $\varepsilon_{\mathrm{eff}}$ 和 μ_{eff},然后计算得到特性参数。实际中,由于人工传输线的内部单元结构较为复杂,而等效电路忽略了很多寄生元件,等效模型并不精确。该方法只能从一定角度对人工传输线的机理进行解释,可以作为人工传输线研究的辅助方法。为了能够深入揭示人工传输线的工作机理,通常采用第二种方法。本书将基于散射参数(S参数)来分析人工传输线特性。为此,本节将给出S参数与集总元件参数和等效媒质参数之间的关系。

2.2.1　等效电路参数的提取

通常,S参数是能够直接获得的,而S参数经过相应的变化关系可以得到所需要的特性参数。通常,分布元件的等效模型可分为如图$2-8$所示的T型和Ⅱ型网络,而这两种网络之间可以相互转换。

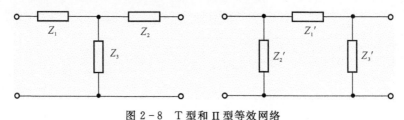

图$2-8$　T型和Ⅱ型等效网络

T型和Ⅱ型网络之间的转换关系为[139]

$$\left.\begin{array}{l} Z'_1 = \dfrac{Z_1 Z_2 + Z_2 Z_3 + Z_3 Z_1}{Z_3} \\[2mm] Z'_2 = \dfrac{Z_1 Z_2 + Z_2 Z_3 + Z_3 Z_1}{Z_2} \\[2mm] Z'_3 = \dfrac{Z_1 Z_2 + Z_2 Z_3 + Z_3 Z_1}{Z_1} \end{array}\right\} \qquad (2-47)$$

在提取参数的时候只需要针对其中一种网络进行即可,另一种模型可以通过式(2-47)转换关系得到。这里,以T型等效网络为例进行说明。为了简化说明,假设图$2-8$中的阻抗Z_1,Z_2,Z_3均只包含一个集总元件。S参数和Z参数两者之间的转换关系为[140-141]

$$Z_{11} = Z_0 \frac{(1+S_{11})(1-S_{22})+S_{12}S_{21}}{(1-S_{11})(1-S_{22})-S_{12}S_{21}} \left.\right\}$$

$$Z_{12} = Z_0 \frac{2S_{12}}{(1-S_{11})(1-S_{22})-S_{12}S_{21}}$$

$$Z_{21} = Z_0 \frac{2S_{21}}{(1-S_{11})(1-S_{22})-S_{12}S_{21}} \tag{2-48}$$

$$Z_{22} = Z_0 \frac{(1-S_{11})(1+S_{22})+S_{12}S_{21}}{(1-S_{11})(1-S_{22})-S_{12}S_{21}}$$

式中,Z_0 为传输线两端接入部分的特性阻抗。如果网络对称无耗互易,则有 $S_{11}=S_{22}$, $S_{12}=S_{21}$,式(2-48)化简为

$$Z_{11} = Z_{22} = Z_0 \frac{(1+S_{11})(1-S_{22})+S_{12}S_{21}}{(1-S_{11})(1-S_{22})-S_{12}S_{21}} \left.\right\}$$

$$Z_{12} = Z_{21} = Z_0 \frac{2S_{12}}{(1-S_{11})(1-S_{22})-S_{12}S_{21}} \tag{2-49}$$

且

$$Z_1 = Z_2 = Z_{11} - Z_{12} \left.\right\}$$
$$Z_3 = Z_{12} = Z_{21} \tag{2-50}$$

根据式(2-49)和式(2-50)即可求得相应阻抗 Z_1, Z_2, Z_3 的值,从而求得集总元件的值。

2.2.2　特征参数提取

若在传输线两端加载阻抗为 Z_0 的输入端口,并令传输线特性阻抗为 Z_c,传播常数为 γ,则传输线的 S 参数可表示为

$$\begin{bmatrix} S_{11} & S_{12} \\ S_{21} & S_{22} \end{bmatrix} = \frac{1}{D_s} \begin{bmatrix} (Z_c^2 - Z_0^2)\sinh\gamma l & 2Z_cZ_0 \\ 2Z_cZ_0 & (Z_c^2 - Z_0^2)\sinh\gamma l \end{bmatrix} \tag{2-51}$$

式中,$D_s = 2Z_cZ_0\cosh\alpha l + (Z_c^2 + Z_0^2)\sinh\alpha l$;$l$ 为传输线的长度。由于式(2-51)中的 S 参数是一个对称矩阵,故其含有两个相互独立的线性等式。因此,在已知的情况下可以求得 Z_c 和 γ。为了进一步简化求解过程,将式(2-51)中给出的 S 参数转换成 A 参数,则有

$$\begin{bmatrix} A & B \\ C & D \end{bmatrix} = \begin{bmatrix} \cosh\gamma l & Z_c\sinh\gamma l \\ \dfrac{\sinh\gamma l}{Z_c} & \sinh\gamma l \end{bmatrix} \tag{2-52}$$

从式(2-52)可以看出,A 参数与 Z_c 和 α 之间的关系更直接。S 参数与 A 参数之间又具有如下关系[140]:

$$\left.\begin{aligned}
A &= (1 + S_{11} - S_{22} - \Delta S)/(2S_{21}) \\
B &= (1 + S_{11} + S_{22} + \Delta S)\,Z_0/(2S_{21}) \\
C &= (1 - S_{11} - S_{22} + \Delta S)/(2S_{21}Z_0) \\
D &= (1 - S_{11} + S_{22} - \Delta S)/(2S_{21})
\end{aligned}\right\} \qquad (2-53)$$

式中，$\Delta S = S_{11}S_{22} - S_{21}S_{12}$。联立式$(2-51) \sim$ 式$(2-53)$ 可求得

$$\mathrm{e}^{\gamma l} = \mathrm{e}^{(\alpha + \mathrm{j}\beta)\, l} = \frac{1 - S_{11}^2 + S_{21}^2 + \sqrt{(S_{11}^2 - S_{21}^2 + 1)^2 - (2S_{11})^2}}{2S_{21}}$$

$$(2-54)$$

$$Z_c^2 = Z_0^2\,\frac{(1 + S_{11})^2 - S_{21}^2}{(1 - S_{11})^2 - S_{21}^2} \qquad (2-55)$$

由式$(2-54)$和式$(2-55)$可确定衰减常数α、相移常数β和特性阻抗Z_c。上述分析方法可以直接得到S参数与特性参数之间的关系，过程更为简单。此外，通过求得的β和Z_c可以进一步求得其他特性参数。本书主要采用上述方法对传输线的相关特性进行研究。

2.3 小　结

本章对人工传输线增量单元模型和参数提取方法进行了研究，为后续人工传输线分析、设计提供了理论支撑。首先，对人工传输线的一般模型进行了分析；然后根据一般模型对 SW‑TL,CRLH‑TL 及 SCRLH‑TL 增量单元模型进行了研究；最后，给出了基于 S 参数的人工传输线参数提取方法。

第3章 基于新型慢波传输线的波束可调阵列天线

现代战争中,电子对抗愈演愈烈,雷达系统性能在干扰与抗干扰、辐射与反辐射的对抗中不断提升。为了在信息化战场占据主动,世界大国都以研制机动性强、数据率高、抗干扰能力强,且能够同时对付多批次目标的相控阵雷达为目标[45,142]。可以预见,随着各组件性能的不断提高和生产成本的降低,将会有更先进的相控阵雷达问世。如何采用较小体积的系统实现频率捷变、高数据率、强抗干扰等功能是当前相控阵雷达研制所面临的重大挑战之一。相控阵天线作为相控阵雷达系统中发射和接收电磁波的关键部件,是采用电控方式来实现波束扫描的,其不仅具有快速扫描和灵活控制波束的能力,还具有很强的抗干扰能力,可以同时遂行目标搜索、跟踪以及引导等多样化任务,在复杂的电磁环境中有很强的生存能力。若能设计出具有体积小、宽频带、谐波抑制等功能的相控阵天线,将十分有益于提高相控阵雷达系统在复杂环境中的生存能力。对应到馈电网络,就是如何研制出小型化、宽带并具备谐波抑制功能的无源器件[45]。

对能够实现波束可调的 Butler 矩阵而言,采用传统微带线设计时,其电路尺寸至少为 $\lambda_g \times \lambda_g$[143]。当工作频率较低时,这个尺寸是比较大的。在保持 Butler 矩阵基本性能的同时实现其电路尺寸减小是一个值得研究的课题。此外,为了防止谐波干扰,实现具有谐波抑制功能的 Butler 矩阵也是十分有意义的。设计电路尺寸较小且具有谐波抑制功能的平面人工传输线能够很好地解决上述问题。采用单元级联方式设计的新型慢波传输线(SW-TL)具有以下两个方面的优点:①能够在较小的电长度内实现较大相速,可以用于实现器件的小型化;②其低通滤波特性能够有效抑制高频处的谐波。因此,SW-TL 为设计具有谐波抑制功能的小型化器件提供了思路。本章将采用平面 SW-TL 设计具有谐波抑制功能的小型 Butler 矩阵。首先,提出一种具有谐波抑制功能的小型化 SW-TL,并对其特性进行分析;其次,利用所提出的 SW-TL 设计 Butler 矩阵的关键部件并集成网络;最后,将 Butler 矩阵应用于波束可调阵列天线的设计中。

3.1　新型慢波传输线设计及分析

SW－TL 具有比均匀传输线更大的导波波长,在部分器件的设计中可以用 SW－TL 来取代均匀传输线实现小型化。此外,部分 SW－TL 具有低通滤波特性,可以用于设计具有谐波抑制功能的器件。本节将采用单元级联的方式设计新型 SW－TL,并分析 SW－TL 的电磁特性。

3.1.1　新型慢波传输线单元结构

图 3－1 所示为新型 SW－TL 的结构模型,该传输线通过在主传输线上加载串联蜿蜒线电感和并联贴片电容实现。其中,并联贴片电容(贴片 1 和贴片 2)用细微带导线与主传输线相连接,贴片 1 与贴片 2 之间采用交指结构实现耦合。采用相对介电常数 $\varepsilon_r = 2.65$,厚度 $h = 0.3$ mm,损耗角正切 $\tan\delta = 0.008$ 的介质板。

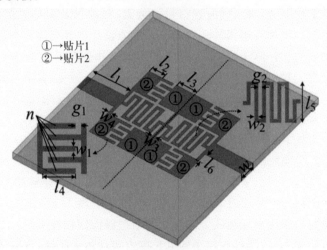

图 3－1　新型 SW－TL 的结构模型

通过在 HFSS 软件中优化仿真可以得到 SW－TL 特性阻抗为 50 Ω 时的结构参数如下:$w = 0.8$ mm,$w_1 = 0.15$ mm,$w_2 = 0.3$ mm,$w_3 = 0.22$ mm,$w_4 = 0.22$ mm,$g_1 = 0.12$ mm,$g_2 = 0.3$ mm,$l_1 = 3.1$ mm,$l_2 = 1.21$ mm,$l_3 = 3$ mm,$l_4 = 0.5$ mm,$l_5 = 3.2$ mm,$l_6 = 1.5$ mm,$n = 4$。图 3－2 所示为新型 SW－TL 的全波仿真结果。由图 3－2(a)可知,新型 SW－TL 具有低通特性。该传输线的 3 dB 截止频率为 2.48 GHz,在 0～1.87 GHz 频段内,SW－TL

的反射系数小于-20 dB。在 3.81~13.73 GHz 频段内,SW-TL 的传输系数小于-20 dB。在 3.35~18 GHz 频段内,SW-TL 的传输系数小于-14.5 dB。由图 3-2(b)可知,SW-TL 在 0.915 GHz 处的相位为-90.1°,此时 SW-TL 长度为 15.24 mm,约为传统传输线相位为-90°时长度的 30%。与文献[39]中提出的 SW-TL 相比,新型 SW-TL 不仅实现了尺寸减小,而且扩展了高频阻带范围。综上所述,新型 SW-TL 在实现高频谐波抑制的同时还能够实现尺寸减小,可用于设计谐波抑制功能的小型化器件。

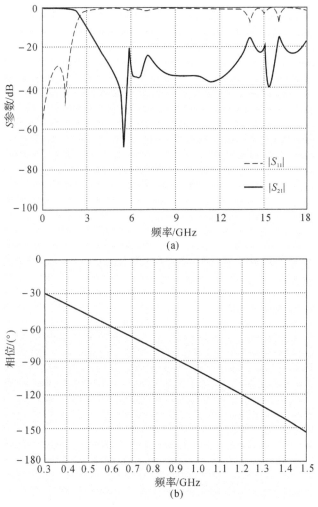

图 3-2　新型 SW-TL 的全波仿真结果

(a)S 参数;　(b)相位

3.1.2 新型慢波传输线等效电路

新型 SW-TL 集总等效电路如图 3-3 所示。其中,L_1 是主传输线上蜿蜒线的等效电感,L_2 是中间连接主传输线和贴片 1 的细微带线的等效电感,L_3 是两边连接主传输线和贴片 2 的细微带线的等效电感,C_c 是连接贴片 1 与贴片 2 的交指结构产生的耦合电容,C_1 和 C_2 分别是贴片 1 和贴片 2 的对地等效电容。SW-TL 主要通过特性阻抗为 Z_0、电长度为 θ 的微带线馈电。

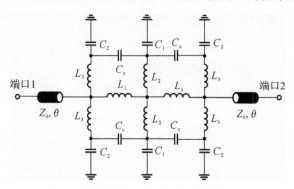

图 3-3 新型 SW-TL 集总等效电路

对于如图 3-3 所示的等效电路,采用 Serenade 软件提取元件的值。由于所提出的 SW-TL 是由细直微带线、交指结构、贴片及蜿蜒线电感等一些基础的等效集总元件组成的,所以可以采用文献[141]中的计算公式得到相应元件的值,并将其作为优化仿真的初始值。具体如下:

对于细直微带线,其经验计算公式为

$$L_s(\text{nH}) \approx 2 \times 10^{-4} l_s \left[\ln\left(\frac{l_s}{ws+ts}\right) + 1.193 + 0.2235 \frac{ws+ts}{l_s} \right] K_g \tag{3-1}$$

$$K_g = 0.57 - 0.145 \ln \frac{w_s}{h}, \quad \frac{w_s}{h} > 0.05 \tag{3-2}$$

式中,l_s,w_s,t_s 和 h 分别为细直微带线的长度、宽度、厚度和介质板的厚度,它们均以 μm 为单位。通过式(3-1)可以计算得到 $L_2 \approx 0.83\text{nH}$,$L_3 \approx 0.42\text{nH}$。

对于交指结构,其等效电容的经验计算公式为

$$C_i(\text{pF}) \approx (\varepsilon_r + 1) l_i \left[(N-3)A_1 + A_2 \right] \tag{3-3}$$

$$A_1 = 4.409 \times 10^{-6} \tanh \left[0.55 \left(\frac{h}{w_i} \right) 0.45 \right] (\text{pF}/\mu\text{m}) \qquad (3-4)$$

$$A_2 = 9.92 \times 10^{-6} \tanh \left[0.52 \left(\frac{h}{w_i} \right) 0.5 \right] (\text{pF}/\mu\text{m}) \qquad (3-5)$$

式中，l_i，w_i，N 和 h 分别为交指结构指长、宽度、个数和介质板的厚度。通过式 (3-3) 可以计算得到 $C_c \approx 0.165\text{pF}$。

对于贴片，其等效电容的近似计算公式为

$$C_p (\text{pF}) \approx \varepsilon_0 \varepsilon_r \frac{w_p l_p}{h} \qquad (3-6)$$

式中，w_p 和 l_p 分别为贴片的长度和宽度，ε_0 和 ε_r 分别为空气的介电常数和相对介电常数。通过式 (3-6) 可以计算得到 $C_1 \approx 0.45\text{pF}$，$C_2 \approx 0.091\text{pF}$。

对于蜿蜒线，由于没有直接的计算表达式，采用线性回归模型可得电感 L_m 的经验公式为[144]

$$L_m (\text{nH}) \approx 2.836 \times 10^{-4} l_m \left[\ln \left(\frac{l_m}{218} \right) + 2.116\,5 + 18.313\,9 \times \left(\frac{218}{l_m} \right) \right]$$
$$(3-7)$$

式中，l_m 为蜿蜒线的长度，单位为 μm，在图 3-1 中对应于结构参数 l_5。通过式 (3-7) 可以计算得到 $L_1 \approx 5.99\text{nH}$。

以表 3-1 中的初值作为等效电路拟合的初始值，并将全波仿真得到的 SW-TL 结构的 S 参数作为目标函数，在 Serenade 中建立模型并进行优化。表 3-1 中的终值为通过优化后集总元件的值。

表 3-1　等效电路的提取参数

	电感/nH			电容/pF		
	L_1	L_2	L_3	C_1	C_2	C_c
初值	5.99	0.83	0.42	0.45	0.091	0.165
终值	6.75	0.54	0.38	1.25	0.35	0.08

SW-TL 全波仿真和等效电路的 S 参数和相位仿真结果比较如图 3-4 所示。由图 3-4(a) 可以看出，采用这两种方法得到的 S 参数曲线趋势一致；由图 3-4(b) 可知，仿真得到的相位曲线在 0.3～1.2 GHz 范围内一致性较好，在大于 1.2 GHz 频率处，随着频率的增大差异也有所增大，但相同的趋势说明等效电路是正确的。

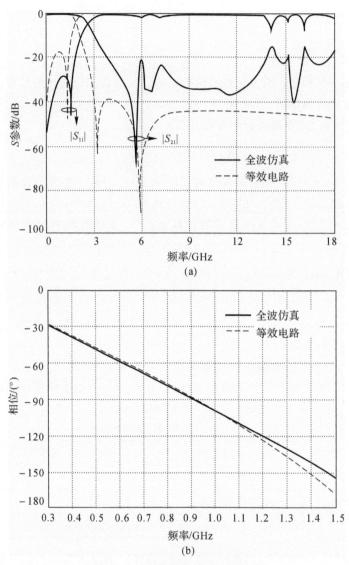

图 3-4 新型 SW-TL 仿真结果

(a)S 参数; (b)相位

3.1.3 新型慢波传输线特性分析

为了深入了解所提出的新型 SW-TL 的特性,下面采用全波仿真并结合

S 参数与各特性参数之间的关系式,分别对 SW-TL 的传播常数 γ_g、复阻抗 $Z_{c,complex}$、慢波因子 σ 和群时延 τ_d 等特性参数进行分析。由 2.3 节可知,各特性参数与 S 参数具有如下对应关系:

$$\gamma_g = \alpha_g + j\beta_g = \frac{1}{L}\ln\left[\frac{1 - S_{11}^2 + S_{21}^2 + \sqrt{(1 - S_{11}^2 + S_{21}^2)^2 - (2S_{11})^2}}{2S_{21}}\right]$$

$$(3-8)$$

$$Z_{c,complex} = Z_{c,r} + jZ_{c,i} = Z_0\sqrt{\frac{(1 + S_{11})^2 - S_{21}^2}{(1 - S_{11})^2 - S_{21}^2}} \qquad (3-9)$$

$$\sigma = \frac{\lambda_0}{\lambda_g} = \frac{\beta_g}{\beta_0} \qquad (3-10)$$

$$\tau_d = -\frac{\partial\varphi(S_{21})}{\partial\omega} \qquad (3-11)$$

式中,L 为单元结构的长度,$Z_0 = 50\ \Omega$,λ_0 为真空中波导波长。首先,采用 HFSS 对如图 3-1 所示的 SW-TL 结构进行仿真,得到 S 参数。然后,将 S 参数代入式(3-8)~式(3-11)获得相应特性参数。为了便于比较,采用同样的方法对相同长度的传统 50 Ω 微带线进行分析。

图 3-5(a)(b)分别给出了新型 SW-TL 和等长传统微带线的归一化衰减常数(α_g/k_0)和相移常数(β_g/k_0)随频率的变化曲线。从图中可以看出,在 $0.3\sim1.5$ GHz 范围内,SW-TL 的 α_g/k_0 值小于 0.16,等长传统微带线的 α_g/k_0 值小于 0.018,说明电磁波在新型 SW-TL 传输时幅值的变化比在传统微带线中传输时幅值变化更大,原因在于新型结构是由多个准集总元件组成的,其不连续性导致传输线存在损耗。SW-TL 的 β_g/k_0 值为 5.5 ± 0.2,而等长传统微带线 β_g/k_0 值为 1.72 ± 0.005。这说明电磁波在新型 SW-TL 传输时比在传统微带线中传输时相位变化更大,因而在低频处可以获得更大的滞后相位,这有益于采用传输线相位特性设计器件的小型化。此外,虽然 SW-TL 归一化相位常数值比传统微带线的归一化相位常数值变化大,但其仍然具有较好的线性度。

图 3-6(a)(b)分别给出了新型 SW-TL 和等长传统微带线的复阻抗实部 $Z_{c,r}$ 和虚部 $Z_{c,i}$ 随频率的变化曲线。从图中可以看出,在 $0.3\sim1.5$ GHz 范围内,SW-TL 的 $Z_{c,r}$ 值为 $(49.5\pm0.61)\ \Omega$,$Z_{c,i}$ 值为 $(0.43\pm1.13)\ \Omega$;传统微带线的 $Z_{c,r}$ 值为 $(50.18\pm0.17)\ \Omega$,$Z_{c,i}$ 值为 $(-0.242\pm0.21)\ \Omega$。虽然在 $0.3\sim1.5$ GHz 范围内,新型 SW-TL 阻抗特性的不平衡度比传统微带线大,但是其仍接近于 50 Ω,即与两端口具有较好的阻抗匹配特性。

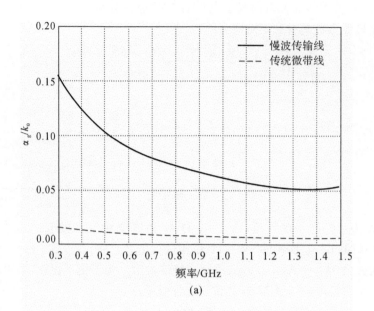

(a)

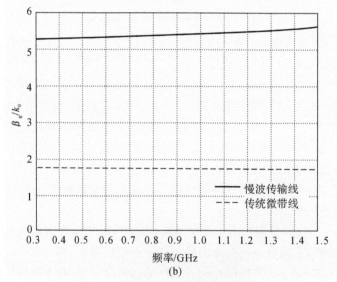

(b)

图 3-5 新型 SW-TL 的传播常数

(a)归一化衰减常数; (b)归一化相移常数

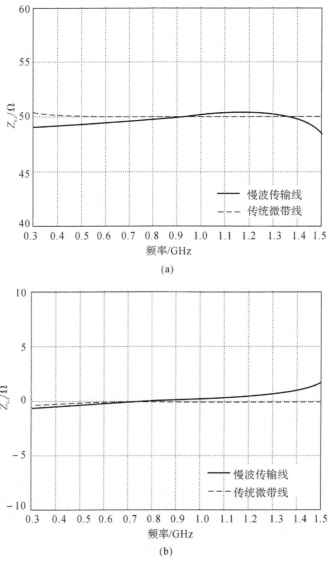

图 3 - 6　新型 SW - TL 的阻抗特性

(a)实部；　(b)虚部

图 3 - 7 和图 3 - 8 所示分别给出了新型 SW - TL 的慢波因子和群时延。从图 3 - 7 可以看出，传统微带线的慢波因子约为 $\sqrt{\varepsilon_r}$（ε_r 为介质板的相对介电常数），而 SW - TL 比传统传输线具有更大的慢波因子，这进一步说明其可实

现小型化。从图 3-8 的群时延可以看出，在 0.3~1.5 GHz 频带内，传统微带线的群时延为(0.087 7±0.001 2)ns，而新型 SW-TL 的群时延为(0.3±0.03)ns。虽然 SW-TL 的群时延曲线波动比传统传输线的大，但其仍能保证信号不失真。

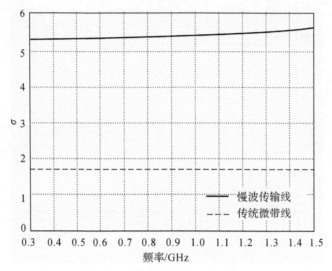

图 3-7　SW-TL 的慢波因子

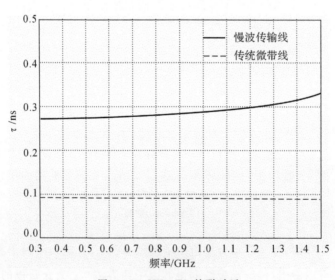

图 3-8　SW-TL 的群时延

综上所述,新型 SW-TL 在 0.3～1.5 GHz 具有较好的阻抗一致性、较大的慢波因子和良好的群时延特性,可以用于设计小型化器件。

3.2　基于慢波传输线的 Butler 矩阵设计

1961 年,Jesse Butler 和 Ralph Lowe 在 *Electronic Design* 上发表了名为 *Beam-forming matrix feed systems for antenna array* 的文章,首次提出了 Butler 矩阵[145]。在此之前,需要通过独立的功分网络和相移网络来形成电扫描阵列的每个波束,但这种方法需要大量的元件支持。相比而言,将相移量固定的移相器接入耦合器形成 Butler 矩阵不仅可以实现电扫描,而且所需元件的数量也大幅减少。因此,Butler 矩阵对系统的小型化和集成化是十分有益的。利用 Butler 矩阵设计的波束可调天线阵因具有良好的机动性能和波束转换能力被广泛应用于雷达系统中。图 3-9 所示为 Butler 矩阵工作原理图。信号从任一输入端口输入,经 Butler 矩阵后,相邻输出端口得到幅度一致、相位差固定的信号。该网络中,信号分别从输入端口 1～4 输入,对输出端口 1～4,相邻端口的相位差分别是 -45°,135°,-135° 和 45°。基于传统传输线设计的 Butler 矩阵往往具有较大的尺寸,如果能够实现 Butler 矩阵的小型化设计,减少加工成本,对智能天线和雷达系统的小型化设计将是十分有意义的。在 Butler 矩阵的小型化设计方面,文献[39]采用人工传输线设计了小型化 Butler 矩阵;文献[142]采用分形技术结合枝节加载的方式设计了具有谐波抑制功能的小型化 Butler 矩阵,但是其谐波抑制带宽较窄;文献[143]采用分形技术设计了 Butler 矩阵,实现了小型化。

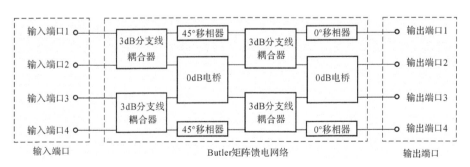

图 3-9　Butler 矩阵工作原理图

不同相位差的信号在对一维线平面上的天线单元馈电时,可以形成如图 3 - 10 所示的不同波束指向。通过 Butler 矩阵输入端口 1～4 之间的不断切换,就能够实现波束在不同角度上的扫描,从而精确地探测到目标。因此,基于 Butler 矩阵的波束可调天线具有快速的波束转换能力和优良的机动性,本节首先基于新型 SW - TL 设计相关器件,然后采用这些器件集成具有谐波抑制功能的小型 Butler 矩阵。

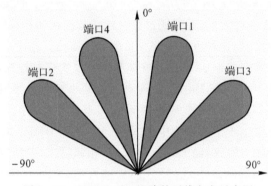

图 3 - 10   基于 Butler 矩阵的天线方向示意图

3.2.1   基于慢波传输线的分支线耦合器设计

分支线耦合器是一类可以实现输出端口功率平分,相位正交的器件,被广泛应用于微波电路与系统中[140]。在实现尺寸减小的同时获得宽带高抑制度的带外特性是分支线耦合器设计中的难点问题。具有低通滤波特性的 SW - TL 是解决这一问题的有效方法[39,146-147]。3.2 节所设计的新型 SW - TL 既有低通滤波特性,又具有较大的相速,本小节将其用于设计宽带谐波抑制的小型化分支线耦合器。

为了设计小型化分支线耦合器,需要设计相应工作频率四分之一波长的 35.35 Ω 和 50 Ω 的 SW - TL。表 3 - 2 给出了中心频率为 0.915 GHz 的四分之一波长 35.35 Ω 和 50 Ω 的 SW - TL 结构参数。其中,n 为交指结构指的个数。

表 3 - 2　四分之一波长 35.35 Ω 和 50 Ω 的 SW - TL 结构参数　单位:mm

	w	w_1	w_2	w_3	w_4	g_1	g_2
35.35 Ω	1.3	0.27	0.3	0.16	0.12	0.27	0.3
50 Ω	0.8	0.15	0.3	0.22	0.22	0.12	0.3
	l_1	l_2	l_3	l_4	l_5	l_6	n
35.35 Ω	3.9	0.93	3	0.5	2.26	0.78	5
50 Ω	3.1	1.21	3	0.5	3.2	1.5	4

图 3 - 11 所示为 35.35 Ω 和 50 Ω 传输线的 S 参数。由图可知,SW - TL 具有低通滤波特性。其中,35.35 Ω 传输线在 0~1.42 GHz 范围内的反射系数小于 -20 dB,在 3~13.8 GHz 范围内的传输系数小于 -18 dB;50 Ω 传输线在 0~1.87 GHz 范围内的反射系数小于 -20 dB,在 3.8~13.7 GHz 范围内的传输系数小于 -20 dB。图 3 - 12 所示为两种 SW - TL 在各自通带范围内的相位特性。由图可知,35.35 Ω 传输线在 0.915 GHz 处的相位为 -89.5°,50 Ω 传输线在 0.915 GHz 处的相位为 -90.2°。图 3 - 13 所示为两种 SW - TL 在各自通带范围内的特性阻抗,从图中可以看出,传输线的特性阻抗在 0.915 GHz 为 35.35 Ω 和 50 Ω。

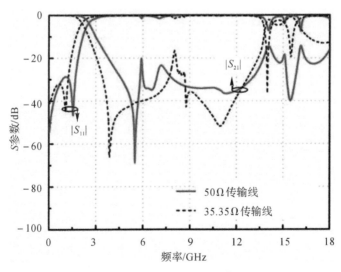

图 3 - 11　SW - TL 的 S 参数

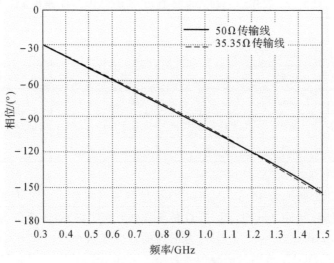

图 3-12   SW-TL 相位特性

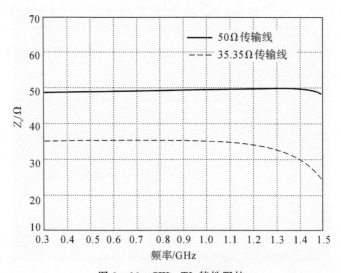

图 3-13   SW-TL 特性阻抗

在分支线耦合器的综合设计阶段,需要对传输线两端的馈线长度 l_1 进行调整。通过优化可得,分支线耦合器中 35.35 Ω 和 50 Ω 传输线 l_1 的值分别为 3.8 mm 和 3.3 mm。图 3-14 所示为分支线耦合器的实物图;图 3-15 所示为其宽带仿真和测试结果。从图 3-15 可以看出,所设计的分支线耦合器在

2.8～12.9 GHz 频带范围内的传输系数 S_{21} 和 S_{31} 的幅值均小于－20 dB。与文献[39]相比，所设计的分支线耦合器的抑制带宽和抑制度均得到了增加。根据测试结果，分支线耦合器的中心频率为 0.875 GHz，与仿真结果 0.915 GHz 相比有所偏移。从测试结果看，在 0.875 GHz 处传输系数 S_{21} 和 S_{31} 的幅值分别为－2.94 dB 和－3.72 dB，实现了良好的功率分配效果；反射系数 S_{11} 和隔离度 S_{41} 的幅值均小于－35 dB。该分支线耦合器的 3 dB 工作带宽为 51.4%（0.65～1.1 GHz）。图 3 - 16 所示为分支线耦合器两个输出端口的相位差。从图中可以看出，在 0.77～1.01 GHz 频率范围内（相对带宽为 27%），输出端口的相位差为 90°±3°。所提出的分支线耦合器的有效面积为 23.28 mm×25.28 mm，即 $0.1\lambda_g \times 0.11\lambda_g$，$\lambda_g$ 是频率为 0.875 GHz 时的波导波长，其面积仅为传统分支线耦合器（$0.25\lambda_g \times 0.25\lambda_g$）的 17.6%。该分支线耦合器的宽带抑制特性主要是因为 SW - TL 的低通特性，小型化主要归因于 SW - TL 的相位滞后于传统传输线。

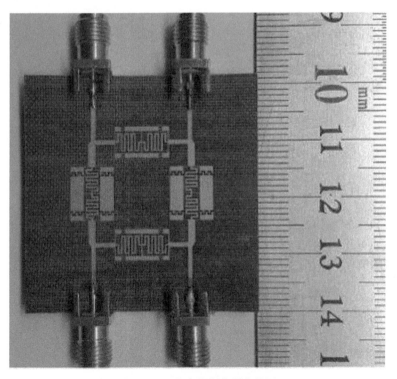

图 3 - 14　分支线耦合器实物图

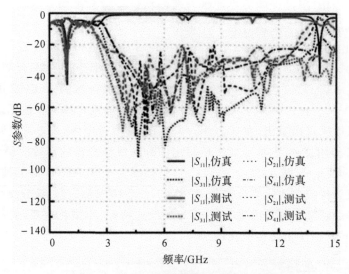

图 3-15   分支线耦合器 S 参数实验结果

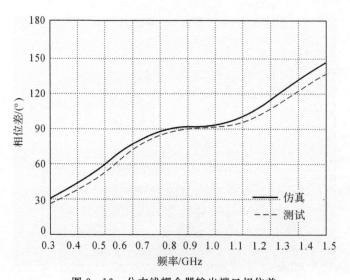

图 3-16   分支线耦合器输出端口相位差

3.2.2　基于慢波传输线的 0 dB 电桥设计

0 dB 电桥是 Butler 矩阵中的重要元件,为了实现具有一定带宽的 0 dB 电桥,将两个 3 dB 分支线耦合器用 50 Ω 微带线连接,实现如图 3-17 所示的 0 dB 跨接电桥。由文献[148]的分析结果可知,$Y_1=1/\sqrt{2}$,$Y_2=Y_3=1$,$\theta_1=\theta_2=\theta_3=\pi/2$。

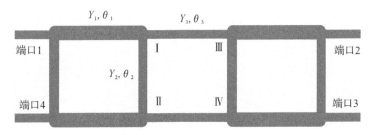

图 3-17　0 dB 跨接电桥

该电桥的工作原理如下:假设端口 1 处的信号为 $A\angle\varphi$(其中 A 为信号的幅度,φ 为信号的相位)。信号从端口 1 馈入,经过 3 dB 分支线耦合器分成两路到达 I 处和 II 处,由 3 dB 分支线耦合器的工作原理可知,端口 4 为隔离口,I 处和 II 处的信号幅度相等,相位相差 90°。此时,I 处和 II 处的信号分别为 $A/\sqrt{2}\angle(\varphi-90°)$ 和 $A/\sqrt{2}\angle(\varphi-180°)$。I 处和 II 处的信号分别经过电长度为 90°的 50 Ω 移相线到达 III 处和 IV 处,III 处和 IV 处的信号幅度相等,相位相差 90°。III 处和 IV 处的信号分别为 $A/\sqrt{2}\angle(\varphi-180°)$ 和 $A/\sqrt{2}\angle(\varphi-270°)$。其中,III 处信号经 3 dB 分支线耦合器分成两路到达端口 2 和端口 3,此时端口 2 和端口 3 接收的信号分别为 $A/2\angle(\varphi+90°)$ 和 $A/2\angle\varphi$;IV 处信号经 3 dB 分支线耦合器分成两路到达端口 2 和端口 3,此时端口 2 和端口 3 的接收信号分别为 $A/2\angle(\varphi-90°)$ 和 $A/2\angle\varphi$。将 III 处和 IV 处到达端口 2 和端口 3 的信号进行叠加,得到端口 2 处无信号输出,端口 3 处的信号为 $A\angle\varphi$。

采用所提出的新型 SW‑TL 设计小型化 0 dB 电桥。图 3‑18 所示为所设计的小型化 0 dB 电桥拓扑结构图。该结构是基于所提出的分支线耦合器和特性阻抗为 50 Ω 的 SW‑TL 设计的。小型化 0 dB 电桥采用相对介电常数 $\varepsilon_r=2.65$,厚度 $h=0.3$ mm,损耗角正切 $\tan\delta=0.008$ 的介质板。0 dB 电桥的中心频率为 0.915 GHz。

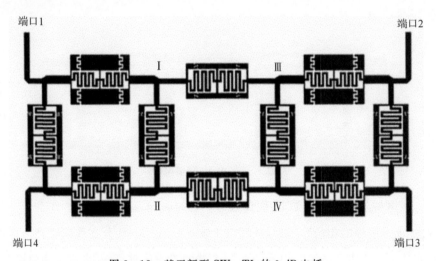

图 3‑18　基于新型 SW‑TL 的 0 dB 电桥

图 3‑19 所示为 0 dB 电桥传输系数和各端口反射系数仿真结果。由图可知,在 0.83～1 GHz 的频带内,0 dB 电桥的插入损耗小于 0.68 dB;端口 1 的反射系数小于 −13 dB;端口 1 和端口 2 之间的隔离系数小于 −18 dB;端口 1 和端口 4 之间的隔离系数小于 −25 dB。在频率为 0.915 GHz 处,0 dB 电桥的插入损耗为 0.32 dB;端口 1 的反射系数为 −30.6 dB;端口 1 和端口 2 之间的隔离系数为 −36.9 dB;端口 1 和端口 4 之间的隔离系数为 −35.9 dB。在 3.14～14.07 GHz 频带内,0 dB 电桥的谐波抑制程度达到了 −20 dB;在 2.83～19.07 GHz 频带范围内,0 dB 电桥的谐波抑制度达到了 −13 dB。结果表明,在工作频带内,从电桥的端口 1 馈入能量能够有效传输至端口 3,且能实现宽带范围的谐波抑制。

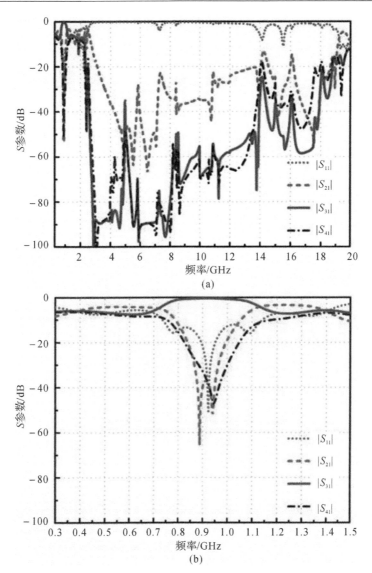

图 3 - 19　0 dB 电桥 S 参数仿真结果

(a)宽带；　(b)窄带

3.2.3　基于慢波传输线的移相器设计

根据图 3 - 9 可知,在 Butler 矩阵的设计中需要 45°和 0°两种差分移相器。在本节,以 0 dB 电桥在频率为 0.915 GHz 处的相位为参考,并采用新型

SW-TL来设计这两种移相器。图3-20(a)(b)分别为45°移相器和0°移相器的拓扑结构,移相器中50 Ω微带线的分布是在考虑波束扫描阵列集成后的结果。为了在以0.915 GHz为中心频率的宽带范围内获得与0 dB电桥输出端口相类似的相位响应曲线,采用特性阻抗为50 Ω的蜿蜒线实现相位补偿。45°移相器的结构参数为:$m_1=3.71$ mm,$m_2=11.8$ mm,$m_3=5.1$ mm,$m_4=0.64$ mm,$s_1=1.46$ mm,$s_2=1$ mm,$s_3=0.8$ mm。0°移相器的结构参数为:$a_1=2$ mm,$a_2=30.8$ mm,$a_3=5.6$ mm,$a_4=12$ mm,$a_5=5.6$ mm,$a_6=52.74$ mm,$a_7=7.2$ mm。其中慢波结构部分采用3.2.1小节中的特性阻抗为50 Ω的传输线。

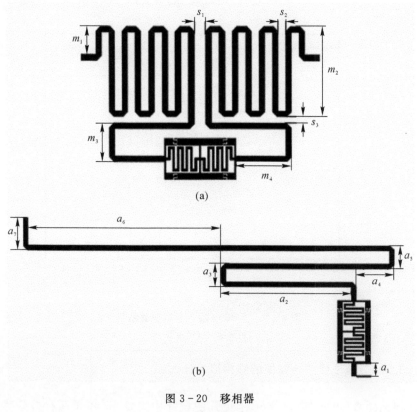

(a)

(b)

图 3-20 移相器

(a)45°; (b)0°

图 3-21 为 45°移相器和 0°移相器与 0 dB 电桥之间的相位差仿真结果。由图 3-21(a)可知,在 0.86~0.95 GHz 频带内的相位差为−45°±5°,且在 0.915 GHz 处为−45°;由图 3-21(b)可知,在 0.89~0.94 GHz 频带内的相位差为 0°±5°,且在 0.915 GHz 处为 0°。

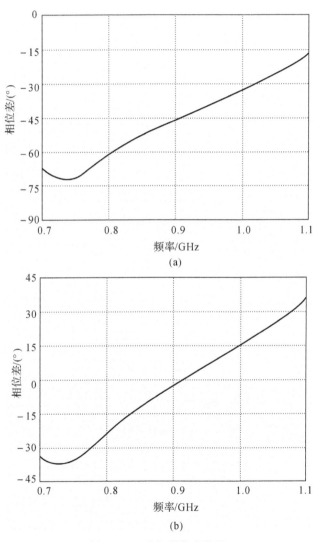

图 3-21　移相器仿真结果

(a)45°移相器相位差；　(b)0°移相器相位差

3.2.4 基于慢波传输线的 Butler 矩阵及其实验结果

将基于 SW‐TL 设计的关键器件集成如图 3‐22 所示的 Butler 矩阵。图 3‐23～图 3‐26 是输入端口(端口 1～4)分别输入信号时的传输系数和相邻输出端口(端口 5～8)之间的相位差。由图 3‐23 可以得到,当端口 1 输入时,在 0.915 GHz 处,端口 5～8 的传输系数分别为 −6.78 dB,−6.95 dB,−6.91 dB,−6.87 dB;端口 5～8 相邻端口之间的相位差分别为 −45.7°,−43.9°,−43.3°。由图 3‐24 可以得到,当端口 2 输入时,在 0.915 GHz 处,端口 5～8 的传输系数分别为 −6.84 dB,−7.03 dB,−6.83 dB,−6.83 dB;端口 5～8 相邻端口之间的相位差分别为 136.1°,134.1°,135.9°。由图 3‐25 可以得到,当端口 3 输入时,在 0.915 GHz 处,端口 5～8 的传输系数分别为 −6.87 dB,−6.86 dB,−7.01 dB,−6.81 dB;端口 5～8 相邻端口之间的相位差分别为 −136.3°,−135.9°,−134.9°。由图 3‐26 可以得到,当端口 4 输入时,在 0.915 GHz 处,端口 5～8 的传输系数分别为 −6.89 dB,−6.85 dB,−6.94 dB,−6.86 dB;端口 5～8 相邻端口之间的相位差分别为 42.3°,43.8°,45.9°。

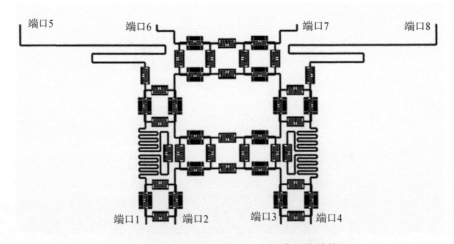

图 3‐22 小型谐波抑制 Bulter 矩阵网络结构图

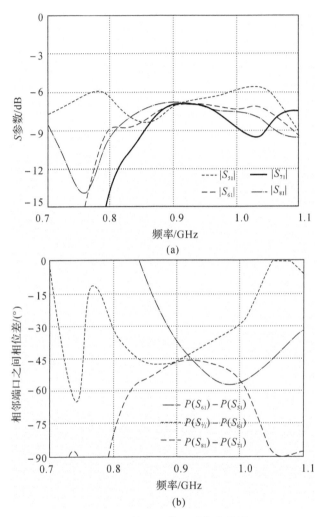

图 3 - 23 端口 1 输入时仿真结果

(a)S 参数；　(b)相位差

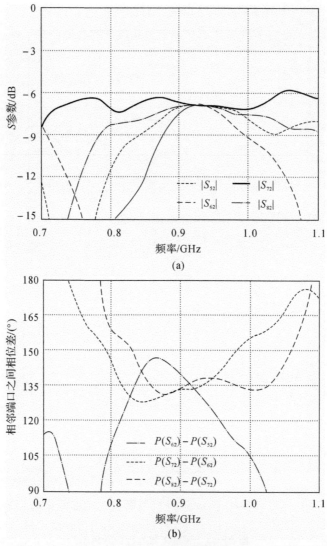

(a)

(b)

图 3-24　端口 2 输入时仿真结果

(a)S 参数；　(b)相位差

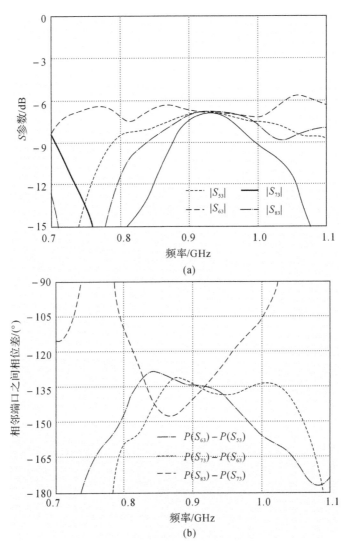

图 3 - 25　端口 3 输入时仿真结果

(a)S 参数；　(b)相位差

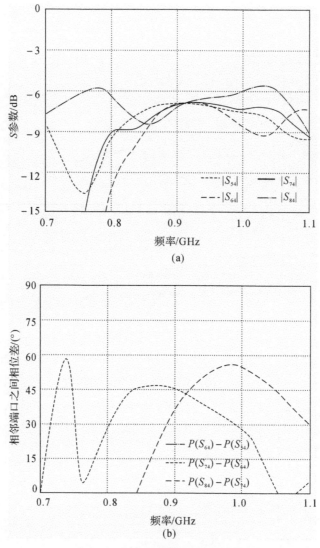

图 3-26　端口 4 输入时仿真结果

(a)S 参数；　(b)相位差

　　表 3-3 为不同输入端口馈电时,Bulter 矩阵输出端口相位差的理论与仿真结果。从表中可以看出,在 0.915 GHz 处所设计的 Bulter 矩阵相邻输出端口之间的相位差在端口 1 输入时为 $-45°\pm1.7°$；端口 2 输入时为 $135°\pm1.1°$；端口 3 输入时为 $-135°\pm1.3°$；端口 4 输入时为 $45°\pm2.7°$。

表 3 - 3　Butler 矩阵输出端口相位差理论与仿真结果

相位差	理论值/仿真值	相位差	理论值/仿真值
$\angle S_{61} - \angle S_{51}$	$-45°/-45.7°$	$\angle S_{63} - \angle S_{53}$	$-135°/-136.3°$
$\angle S_{71} - \angle S_{61}$	$-45°/-43.9°$	$\angle S_{73} - \angle S_{63}$	$-135°/-135.9°$
$\angle S_{81} - \angle S_{71}$	$-45°/-43.3°$	$\angle S_{83} - \angle S_{73}$	$-135°/-134.9°$
$\angle S_{62} - \angle S_{52}$	$135°/136.1°$	$\angle S_{64} - \angle S_{54}$	$45°/42.3°$
$\angle S_{72} - \angle S_{62}$	$135°/134.1°$	$\angle S_{74} - \angle S_{64}$	$45°/43.8°$
$\angle S_{82} - \angle S_{72}$	$135°/135.9°$	$\angle S_{84} - \angle S_{74}$	$45°/45.9°$

图 3 - 27 和图 3 - 28 分别为 0.5~21 GHz 频带内各端口反射系数和不同输入端口(端口 1~4)输入信号时的传输系数。可以看出,所设计的 Butler 矩阵具有谐波抑制功能。当端口 1 输入时,在 2.66~21 GHz 范围内,传输系数小于 -20 dB;当端口 2 输入时,在 2.62~21 GHz 范围内,传输系数小于 -20 dB;当端口 3 和端口 4 分别输入时,在 2.76~21 GHz 范围内,传输系数小于 -20 dB。图 3 - 29(a)为输入端口之间的隔离系数;图 3 - 29(b)为输出端口之间的隔离系数。在 0.89~0.95 GHz 频带范围内,相邻输入端口的隔离系数小于 -15 dB;在 0.82~1.04 GHz 频带范围内,相邻输出端口的隔离系数小于 -15 dB。在 0.915 GHz 处,相邻输入端口之间的隔离系数小于 -24.1 dB,相邻输出端口之间的隔离系数小于 -28.3 dB。

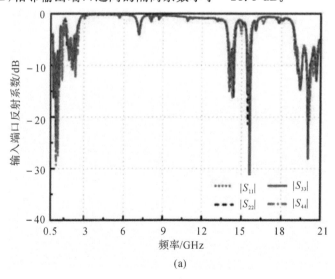

(a)

图 3 - 27　各端口反射系数仿真结果

(a)输入端口反射系数(0.5~21 GHz);

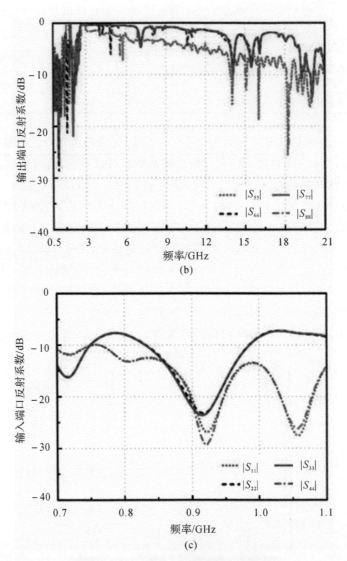

续图 3-27　各端口反射系数仿真结果

(b)输出端口反射系数(0.5~21 GHz)；　(c)输入端口反射系数(0.5~1.1 GHz)；

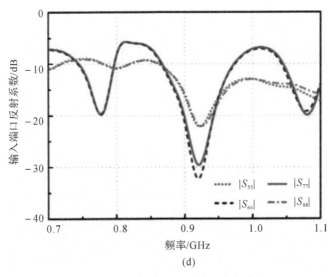

(d)

续图 3 - 27　各端口反射系数仿真结果

(d)输出端口反射系数(0.5～1.1 GHz)

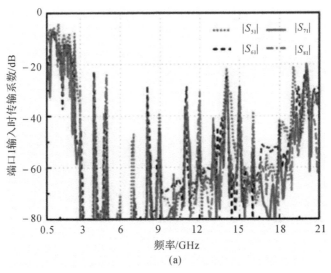

(a)

图 3 - 28　端口 1～4 输入时传输系数仿真结果

(a)端口 1 输入;

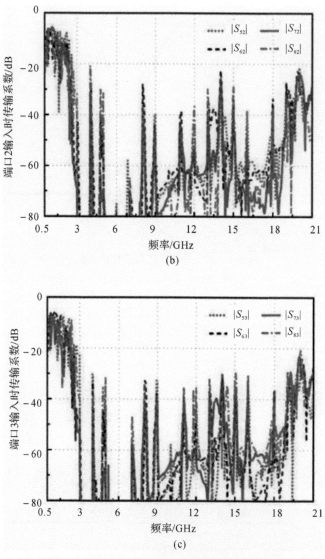

续图 3-28　端口 1~4 输入时传输系数仿真结果

(b)端口 2 输入；　(c)端口 3 输入；

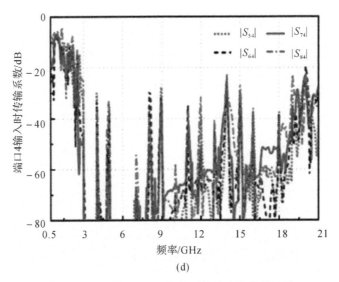

(d)

续图 3-28 端口 1~4 输入时传输系数仿真结果

(d)端口 4 输入

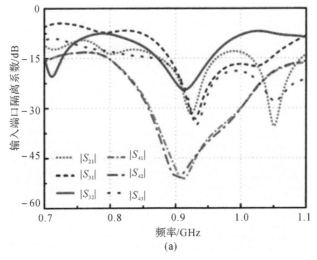

(a)

图 3-29 输入和输出端口隔离系数仿真结果

（a）输入端口；

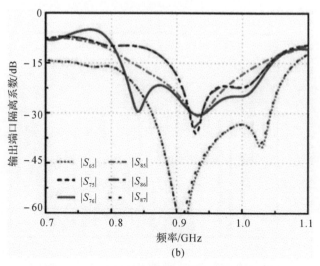

续图 3-29　输入和输出端口隔离系数仿真结果

(b)输出端口

综上所述,基于新型 SW-TL 的 Butler 矩阵在 0.915 GHz 处能够提供不同的相位差和较好的传输特性,且各相邻输入端口和各相邻输出端口之间隔离特性良好。此外,该 Butler 矩阵还具有很宽的谐波抑制频带,能够满足具有谐波抑制特性的波束可调阵列天线设计的需求。

3.3　波束可调阵列天线设计

为了设计阵列天线,需要有相应的天线单元。本节将采用加载集总元件的平行双线结构设计小型天线单元,并结合 Butler 矩阵设计波束可调的阵列天线。

3.3.1　小型化天线单元设计

本章所设计的阵列天线为 1×4 线阵,其与 Butler 矩阵相结合后整体尺寸较大。为了能够获得较小尺寸的天线系统,网络与阵列天线集成采用"背靠背"的方式,即网络部分和天线部分采用地面共用的不同介质板。采用这种方式时,阵列天线和网络可以分开设计。在天线单元的设计中,选择相对介电常数 $\varepsilon_r = 4.3$,厚度 $h = 6$ mm,损耗角正切 $\tan\delta = 0.001$ 的介质板。两种介质基板之间的能量转换是通过如图 3-30 所示的微带结构实现的。其中,连接两个介质板上微带结构金属探针的直径为 1.27 mm,在靠近金属探针附近的地板上刻蚀直径为 D 的圆形结构,并将 D 作为变量进行优化并获得低损耗能量转换结构。图 3-31 所示为地面刻蚀的圆形槽在不同直径下转换结构的 S 参数。从图中可以看出,随着圆形槽直径的增大,在 0.915 GHz 处的插入损耗也增大,通过仿真结果的对比,金属槽直径选取为 2.27 mm。在天线单元的设计中将该能量转换结构作为设计的一部分。

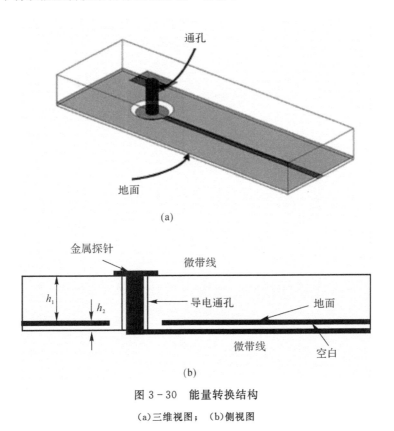

图 3-30　能量转换结构

(a)三维视图；　(b)侧视图

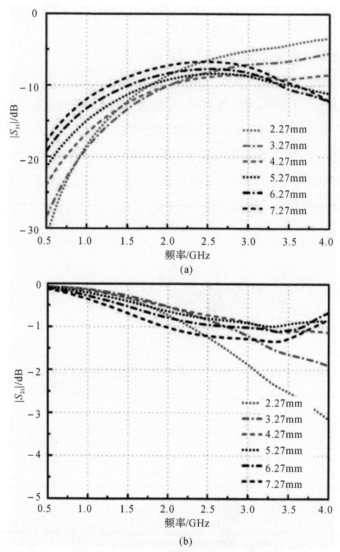

图 3 - 31　地面刻蚀圆形槽直径变化的影响

(a) $|S_{11}|$；　(b) $|S_{21}|$

　　本章采用双环结构设计小型化天线,设计过程可参考文献[149]和文献[150]。天线单元如图 3 - 32 所示。该天线单元是由两个金属环构成的,其中外部为矩形环,内部为一个 Minkowski 分形的金属环,为了增强两个环之间的耦合,在两个环之间的空隙处加载集总电容 C_c。天线单元的结构参数为:

$l_0 = 130.4$ mm，$w_0 = 130.4$ mm，$l_1 = 3.6$ mm，$w_1 = 3.2$ mm，$g_1 = 0.12$ mm，$l_2 = 22.6$ mm，$w_2 = 2$ mm，$l_3 = 7.5$ mm，$w_3 = 1.5$ mm，$l_4 = 1.2$ mm，$w_4 = 1.5$ mm，$g_2 = 1.4$ mm，$l_5 = 4.5$ mm，$l_6 = 4.2$ mm，$l_7 = 3.85$ mm，$l_8 = 2.1$ mm，集总电容 $C_c = 1\text{pF}$。为了分析天线单元的工作机理，首先对图 3 - 32 中虚线框内耦合平行双线单元结构的特性进行分析。该结构的谐振频率对应于环结构电长度为 λ_g 时的频率，即波数 $K = 2\pi$ 时的频率，也就是耦合平行双线单元结构的电长度为 $0.5\lambda_g$ 时的频率。

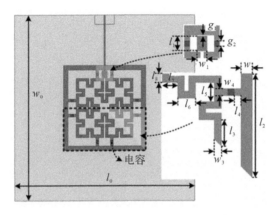

图 3 - 32 基于分形结构的小型双环天线单元结构

采用本征模式仿真求解耦合平行双线单元结构的色散关系，图 3 - 33 所示为求解色散关系时的仿真设置。为了模拟圆形周期结构，在 $y = 0$ 平面上，$x > 0$ 和 $x < 0$ 的部分分别设置周期边界，空气盒的其余面均为 PEC 边界，空气盒的高度为 24 mm。

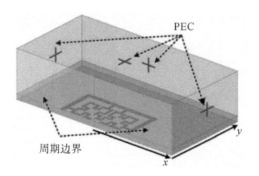

图 3 - 33 基于分形结构的小型双环单元仿真设置

图 3-34 所示为耦合平行双线单元结构的色散曲线。由图可以看出，耦合平行双线单元结构的两个 $K=\pi$ 的谐振频率分别为 0.916 GHz 和 1.662 GHz。该色散曲线说明，通过匹配设计，环形结构能够实现 0.916 GHz 处的工作。为了验证分析设计的正确性，对图 3-32 所示的天线单元结构进行仿真。

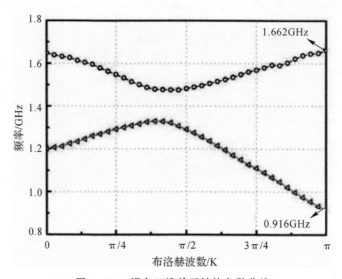

图 3-34　耦合双线单元结构色散曲线

图 3-35 所示为天线单元的反射系数；图 3-36 为 XOZ 面和 YOZ 面的方向图。从图 3-35 可以看出，在 0.914～0.917 GHz 频带范围内，天线单元的反射系数小于-10 dB；在 0.915 GHz 处，天线单元的反射系数为-29.9 dB。从图 3-36 可以看出，该天线在 XOZ 平面的半功率波瓣宽度为 94°，在 YOZ 平面的半功率波瓣宽度为 100°。在两个平面内，所设计天线单元的交叉极化电平均小于-33.7 dB，在 0.915 GHz 处，天线单元主辐射方向的增益为 3.1 dB，天线的效率为 65.2%。天线效率较低的原因主要有以下两个方面：①集总元件的损耗；②分形结构虽然减小了天线尺寸，但同时会带来辐射效率的降低。

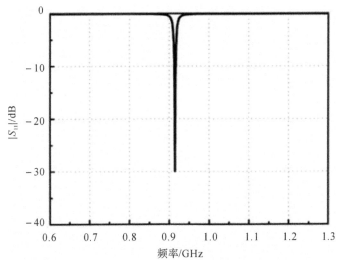

图 3 - 35　天线单元的反射系数

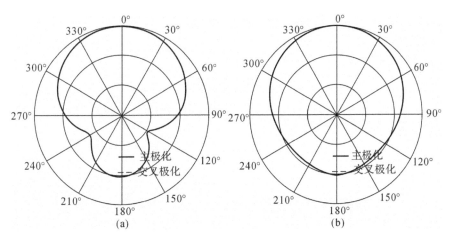

图 3 - 36　天线单元方向图

(a)XOZ 面；　(b)YOZ 面

3.3.2　阵列天线特性分析

为了设计高性能的天线系统,需要使阵元间耦合最小的同时不出现栅瓣,因此阵列特性分析是必要的。根据文献[151]中的基本理论,将同样大小的天线单元并排组成如图 3 - 37 所示的新型天线单元 H 面耦合二元阵,通过仿真分析，天线单元的间距确定为 $d = 150.4\ \text{mm} \approx 0.46\lambda_0$。

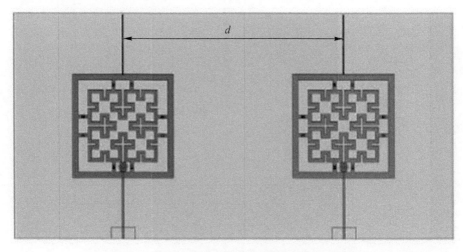

图 3 - 37　基于分形结构的小型双环天线二元阵

　　图 3 - 38 所示为 H 面耦合二元阵天线的仿真结果，从图中可以看出，天线单元的间距为 $0.46\lambda_0$ 时，在 0.915 GHz 处的耦合系数小于 -20 dB，耦合较弱，各单元相互之间的影响较小，能够满足阵列要求。

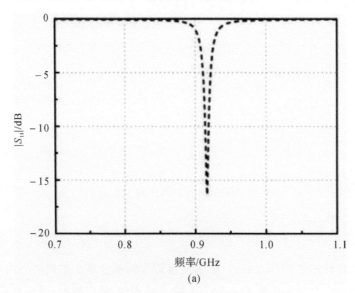

(a)

图 3 - 38　H 面耦合二元阵 S 参数仿真结果

(a) $|S_{11}|$；

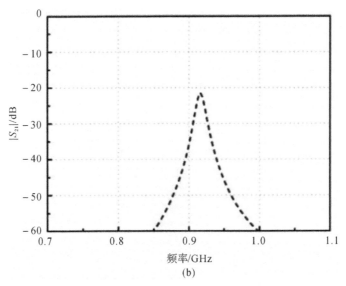

续图 3 - 38　H 面耦合二元阵 S 参数仿真结果

(b) $|S_{21}|$

3.3.3　波束可调阵列天线系统设计

将所设计的 Butler 矩阵与 4 个 H 面耦合的天线单元集成具有波束扫描功能的阵列天线系统,天线单元的间距为 0.46λ_0。因仿真条件所限,对阵列的整体仿真存在一定困难,本设计将 Butler 矩阵的输出信号作为天线单元的输入信号,对 1×4 天线阵进行仿真分析。图 3 - 39 是 Butler 矩阵端口 1~4 输入时各输出端口的信号作为天线单元输入信号时阵列天线 H 面主极化方向图仿真结果。

为了表述清晰,根据图 3 - 39 中阵列天线方向图的仿真结果,表 3 - 4 列出了在 0.915 GHz 处,Butler 矩阵不同输入端口馈电时的输出信号作为阵列激励信号时,波束指向和增益。

表 3 - 4　阵列天线方向图特性

	端口 1	端口 2	端口 3	端口 4
波束指向/(°)	−15	43	−43	15
增益/dB	7.9	5.2	5.2	7.9

为了进一步验证阵列天线仿真分析的正确与否,对所设计的具有谐波抑

制功能的小型化波束可调阵列天线进行了加工和测试。图 3-40(a)(b)分别为 Butler 矩阵的实物图和阵列天线的实物图。馈电网络采用的介质板和天线单元采用的介质板是通过 4 个半径为 0.635 mm 的金属探针连接在一起的。

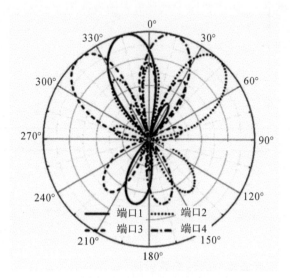

图 3-39　阵列天线 H 面方向图仿真

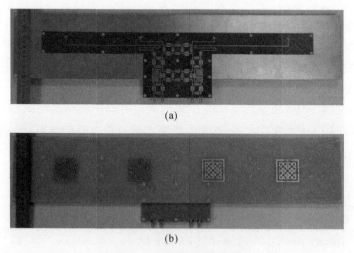

(a)

(b)

图 3-40　波束可调阵列天线
(a)Butler 矩阵；　(b)阵列天线

图 3-41 所示为输入端口反射系数的测试结果。在 0.89～1.01 GHz 频带内,四个输入端口的反射系数小于－10 dB。阵列天线的工作频率范围宽于天线单元,主要是因为整个系统存在损耗。在 2～18.5 GHz 频带内,阵列天线谐波抑制能力较好。图 3-42 是 4 个输入端口之间的隔离系数,在 0.8～1.1 GHz 范围内,各个端口之间隔离特性较好,在 2.9～21 GHz 范围内隔离系数均小于－15 dB。

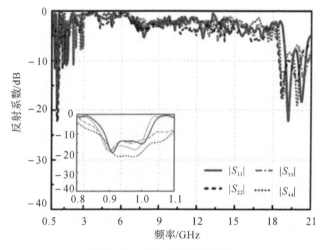

图 3-41 输入端口反射系数

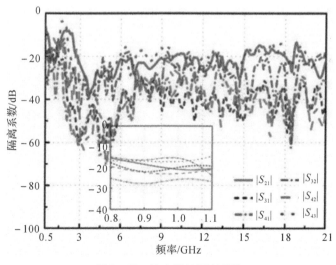

图 3-42 输入端口隔离系数

图 3-43 所示为阵列天线在 0.915 GHz 频率处 H 面主极化的方向图。从方向图可以看出,阵列天线的 4 个波束指向分别为 $-13°$,$-42°$,$14°$,$45.5°$,与仿真结果略有偏差,但是仍在误差范围之内。

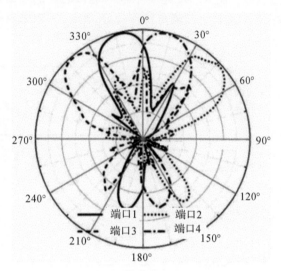

图 3-43　阵列天线 H 面方向图估真结果

3.4　小　　结

本章主要基于新型 SW-TL 设计了具有谐波抑制功能的波束可调阵列天线。首先,提出了一种新型宽带谐波抑制功能的 SW-TL,给出了 SW-TL 单元结构等效电路,并研究了 SW-TL 传播常数、复阻抗、慢波因子及群时延等特性参数。其次,基于提出的新型 SW-TL 设计了用于 Butler 矩阵所需的关键器件,主要包括 3 dB 分支线耦合器、0 dB 跨接电桥、45°移相器和 0°移相器等。再次,基于关键器件设计了 Butler 矩阵,仿真分析了 Butler 矩阵各端口幅相特性。然后,提出了一种分形结构的平行双线单元,并用其设计了小型化天线单元,分析了阵列天线特性。最后,将 4 个天线单元和 Butler 矩阵结合集成了波束可调的阵列天线。该阵列可用于实现较大角度的波束转换,以达到对目标搜索、跟踪和引导的目的。

第4章 基于双层复合左右手传输线的频率扫描阵列天线

频率扫描天线是一类波束指向随工作频率变化而改变的天线,其最大辐射方向与工作频率之间具有一一对应的关系,该天线最早在三坐标雷达中得到应用[152]。频率扫描天线因其具有波束转换快、机动性好、易于实现等优点,至今仍然被广泛应用于雷达系统中[153-154]。基于 CRLH - TL 的频率扫描天线阵的设计主要有两种:①漏波天线的设计。通过控制单元色散特性来实现不同的波束指向。但是漏波天线中的电磁能量会分成两部分,其中一部分能量通过漏波单元进行辐射,另一部分能量则通过单元进行传输,这会导致天线效率的降低。②馈电网络的设计。通过控制馈电网络输出端口之间的相位差来实现不同的波束指向。采用这种方法设计的频率扫描天线阵可以将能量的传输和辐射分离开来,使大部分电磁波能量有效辐射。

CRLH - TL 具有传统传输线不具备的相位超前特性,在频率扫描天线的设计中能够同时实现波束的前向和后向扫描。常用平面形式的 CRLH - TL 主要有两种,一种是基于 IDC 结构的 CRLH - TL,另一种是基于 CSRR 结构的 CRLH - TL。但是,当基于 IDC 结构的 CRLH - TL 尺寸较大时,在高频易产生谐振,会限制其带宽范围;基于 CSRR 结构的 CRLH - TL 则因为地面存在刻蚀部分,会导致后向辐射,且其带宽较窄。针对上述问题,本章提出一种具有宽带特性的新型双层 CRLH - TL。基于该传输线设计频率扫描馈电网络,并与宽带准八木天线集成阵列天线。首先,提出一种新型双层宽带 CRLH - TL 单元结构,分析该单元结构的幅度和相位特性;然后,设计两单元、四单元级联的双层宽带 CRLH - TL,并结合基于多节阻抗变换器的 Wilkinson 功分器设计频率扫描馈电网络;最后,采用一个宽带准八木天线阵验证所设计馈电网络的性能,所设计的频率扫描阵列天线能够实现±45°范围的扫描。

4.1 双层 CRLH‒TL 设计与分析

IDC 结构是微波平面器件设计中常被采用的一种分布式元件,它是通过细平行微带线间隔排列形成的具有一定容量值的分布电容,通过控制细平行微带线的尺寸和微带线之间的间隔大小可以获得所需电容值。通常,IDC 在低频时表现为容性,但电感效应会随频率的增大明显提高,当频率足够高时,其呈现感性。在 CRLH‒TL 的设计中,IDC 常被用于实现串联左手电容。但是,当传统 IDC 结构尺寸较大时,高频易产生谐振,限制了其在宽带器件设计中的应用。此时,对基于 IDC 结构的 CRLH‒TL 而言,其带宽也会受到限制。为了设计具有宽带特性的 CRLH‒TL,有必要采取措施改善 IDC 高频特性。本节首先分析 IDC 高频谐振产生的原因;其次,提出一种用于消除 IDC 高频谐振的新型结构;最后,利用该结构设计具有宽带频率响应的CRLH‒TL。

4.1.1 IDC 高频谐振的产生与消除

图 4‒1 为传统 IDC 结构示意图。为了消除 IDC 的高频谐振,需要对其高频谐振产生的原因进行分析。采用相对介电常数 $\varepsilon_r = 2.65$,厚度 $h = 1$ mm,损耗角正切 $\tan\delta = 0.001$ 的介质板。IDC 两侧是宽度为 w_0 的 50 Ω 微带线。为了方便说明,从上至下对 IDC 的各交指进行编号。

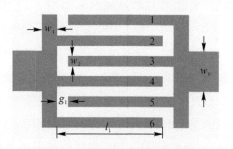

图 4‒1　传统 IDC 结构示意图

为全面了解传统 IDC 的特性,先对结构参数 w_1、g_1、l_1 和 w_2 的变化对 IDC 特性的影响进行讨论。首先,给定一组基准参数:$w_0 = 2.8$ mm,$w_1 = 0.5$ mm,$w_2 = 0.4$ mm,$l_1 = 6$ mm,$g_1 = 0.2$ mm,当 w_1、g_1、l_1 和 w_2 中一个参数变

化时,其他参数均保持不变。图 4-2(a)～(d)分别是 w_1、g_1、l_1 和 w_2 取不同值时 IDC 的传输系数。从图中可以看出,IDC 在高频处产生了两个谐振频率,其带宽受到了限制。从图 4-2(a)可以看出,随着 IDC 同侧交指的连接线宽度 w_1($w_1=0.1$ mm,0.3 mm,0.5 mm)的增大,IDC 的谐振频率均向上偏移,w_1 对两个谐振频率均产生影响,这说明同侧交指的连接线宽度会影响 IDC 的电容效应。从图 4-2(b)可以看出,随着 g_1($g_1=0.1$ mm,0.3 mm,0.5 mm)的增大,高频处的谐振频率基本不变,而低频处的谐振频率向高频偏移。此外,随着 g_1 的增大,通带的插入损耗也增大,这主要有以下两个原因:一是随着 g_1 的增大会降低交指间的耦合,能量不易通过 IDC 进行传输;二是随着 g_1 的增大,IDC 与 50 Ω 微带线的匹配变差。从图 4-2(c)可以看出,随着 l_1($l_1=5.5$ mm,6 mm,6.5 mm)的增大,IDC 的谐振频率均降低,这是因为随着 l_1 的增大,相应的等效电容和电感均增大。此外,随着 l_1 的增大,通带的插入损耗有所减小,这是因为 l_1 的增大会增强各交指之间的耦合,能量易通过。从图 4-2(d)可以看出,随着 w_2($w_2=0.1$ mm,0.3 mm,0.5 mm)的增大,IDC 的谐振频率降低,且其通带的插入损耗也增大。综上所述,无论 IDC 结构尺寸如何变化,其高频处的谐振总是存在的,且随着结构尺寸的变化而变化。

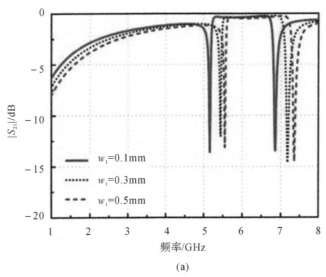

(a)

图 4-2　结构参数对传统 IDC 传输特性产生的影响

(a)w_1;

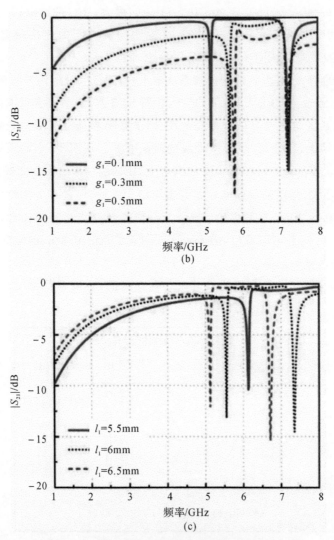

续图 4 - 2　结构参数对传统 IDC 传输特性产生的影响

(b)g_1；　(c)l_1；

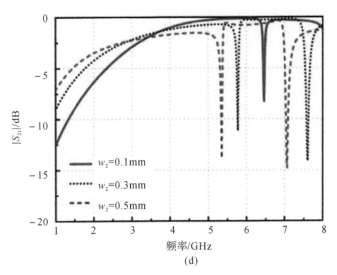

续图 4 - 2　结构参数对传统 IDC 传输特性产生的影响

(d)w_2

为了说明谐振产生的原因,图 4 - 3 给出了传统 IDC 在谐振频率处的电流分布图,IDC 结构参数分别为:$w_0=2.8$ mm,$w_1=0.5$ mm,$w_2=0.4$ mm,$l_1=6$ mm,$g_1=0.2$ mm。从图中可以看出,在 5.55 GHz 处,IDC 上 1 号和 2 号交指的电流向左,3~6 号交指上的电流向右,并通过左右两侧的连接线产生回路,此时,IDC 处于谐振状态。在 7.29 GHz 处,IDC 上 1 号、2 号和 6 号交指的电流向右,而 3~5 号交指上的电流向左,并通过左右两侧的连接线产生回路,此时,IDC 也处于谐振状态。

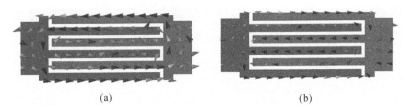

(a)　　　　　　　　　　　　　　　(b)

图 4 - 3　传统 IDC 在谐振频率处的电流分布

(a)5.55 GHz；　(b)7.29 GHz

从图 4 - 3 的电流分布还可以看出,处于同侧交指上的电流的流向是不一致的,若采取措施将 IDC 的同侧交指连接起来,迫使其电流流向相一致,则可以使得 IDC 与传统传输线具有同样的电流分布,以消除高频谐振。为了消除高频谐振,文献[155]采用桥接的方式将传统 IDC 同侧交指连接起来设计了新型 IDC 结构;文献[156]则通过在金属地板上开槽,在槽内放置细金属条,并通过金属化过孔和细金属条将 IDC 同侧的交指连接设计了新型 IDC。但是,前者在交指上焊接细的金属导线对工艺要求较高,而后者在金属底板上开槽,易引起后向辐射,且不易于封装。此外,文献[157]通过 IDC 结构参数的精细调整来实现宽带特性,但是由于该结构的尺寸精度要求较高,在实物制作中普通工艺往往难以满足要求。为了避免上述问题,本章将采用双层介质板设计一个新型 IDC 结构。

4.1.2　同侧交指连接 IDC 单元

图 4-4 所示为设计的同侧交指连接 IDC 单元的三维视图。该结构采用双层介质板,其中上层介质板的相对介电常数为 ε_{r1},厚度为 h_1,下层介质板的相对介电常数为 ε_{r2},厚度为 h_2。在两层介质板中间有两个细金属条,传统 IDC 的同侧指尖用金属化过孔和细金属条进行连接。与文献[155]采用桥接线方式消除传统 IDC 高频谐振相比,本章采用的方法克服了其焊接困难的问题,因为设计的新型 IDC 可以采用光刻技术进行加工。与文献[156]采用底面开槽的方式相比,新型结构避免了对底面的破坏所带来的不易封装和后向辐射的问题。

为了验证所设计的新型 IDC 的特性,对其进行仿真。其中,介质板参数分别为 $\varepsilon_{r1}=2.65,h_1=0.7$ mm,$\varepsilon_{r2}=2.65,h_2=0.3$ mm;各结构参数分别为 $w_0=2.8$ mm,$w_1=0.5,w_2=0.4$ mm,$w_3=0.2$ mm,$l_0=3$ mm,$r_1=0.15$ mm,$l_1=6$ mm,$d_1=0.1$ mm,$g_1=0.2$ mm。图 4-5 为新型 IDC 结构的传输系数。

将图 4-5 中的结果与图 4-2 中的结果对比可以发现,新型 IDC 结构的传输系数在 5.55 GHz 和 7.29 GHz 处不存在谐振,这说明新提出的 IDC 结构可以消除传统 IDC 结构尺寸过大时带来的高频谐振。

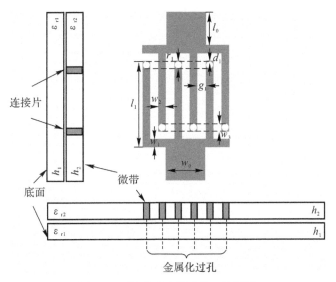

图 4 - 4　新型 IDC 单元的三维视图

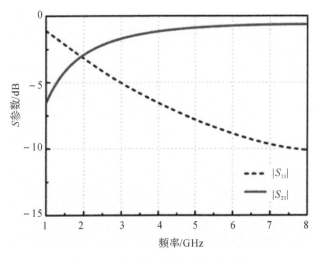

图 4 - 5　新型 IDC 结构的传输系数

4.1.3　同侧交指连接 IDC 单元等效电路

为了进一步说明新型 IDC 能够消除传统 IDC 结构高频处的谐振,本小节采用等效电路对高频谐振的消除进行解释。图 4 - 6 为传统和新型 IDC 结构的等效电路。图 4-6(a)(b)的左边分别为传统和新型 IDC 结构的分布模型及其对应的等效元件,右边分别为等效模型的简化。同侧交指的连接用虚线表示。为了描述集总模型和分布模型的等效过程,这里仍然采用图 4-1 中的交指结构编号。图 4-6 中,$L_i(i=1,2,\cdots,6)$ 是每个交指的等效电感,$C_{m(m+1)}$ $(m=1,2,\cdots,5)$ 为相邻两指之间的耦合电容,$C_{n0}(n=1,2,\cdots,6)$ 为结构的各个交指与两侧的连接线之间的耦合电容。需要说明的是,这里忽略了每个交指的对地电容和交指之间的感性耦合。此外,不相邻交指之间的耦合效应同样也被忽略。

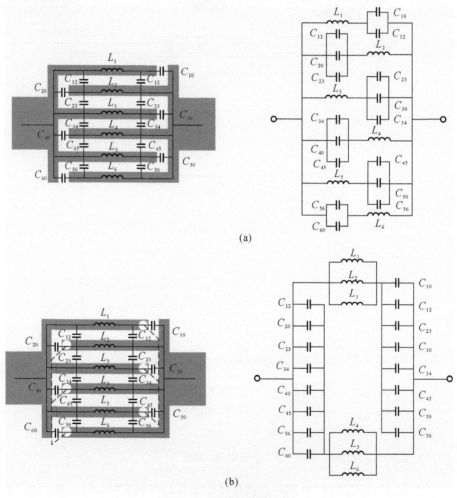

图 4-6　IDC 的等效电路
(a)传统 IDC;　(b)新型 IDC

由于传统 IDC 结构和新型 IDC 结构均为中心对称模型,在理想情况下,可以假设:

$$\left.\begin{aligned} L_1 = L_2 = L_3 = L_4 = L_5 = L_6 = L \\ C_{10} = C_{60}, C_{20} = C_{50}, C_{30} = C_{40} \\ C_{12} = C_{56}, C_{23} = C_{45} \end{aligned}\right\} \quad (4-1)$$

图 4-6 中的等效电路可作进一步简化,简化后的模型如图 4-7 所示。

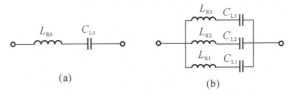

图 4-7　IDC 的简化等效电路

(a)新型 IDC; (b)传统 IDC

其中各元件计算表达式为

$$\left.\begin{aligned} L_{R0} = L/6, C_{L0} = 2C_{s1}, C_{s1} = C_{12} + C_{20} + C_{23} + C_{34} + C_{40} + C_{45} + C_{56} + C_{60} \\ L_{R1} = L/2, C_{L1} = 2(C_{10} + C_{12}) \\ L_{R2} = L/2, C_{L2} = 2(C_{12} + C_{20} + C_{23}) \\ L_{R3} = L/2, C_{L2} = 2(C_{23} + C_{30} + C_{34}) \end{aligned}\right\}$$

$$(4-2)$$

从简化后的集总等效模型可以直观地看出,由于新型 IDC 结构对传统 IDC 结构的各等效集总元件进行了重组,减少了串联谐振支路,从而消除了寄生谐振频率。在 IDC 高频处的谐振频率消除后,IDC 在宽带范围内不再有寄生谐振,其可以用于取代相应器件中传统的 IDC 结构,设计具有更宽带宽的器件。

4.1.4　基于新型 IDC 的宽带 CRLH - TL 单元结构

T. Itoh 等人提出了利用传统 IDC 和金属化过孔接地的短截线实现的 CRLH - TL。由 4.1.1 小节可知,传统 IDC 在高频易产生谐振,限制了 CRLH - TL 的带宽。为了展宽 CRLH - TL 的带宽,本小节采用 4.1.2 小节所提出的同侧交指连接的 IDC,设计如图 4-8 所示的宽带 CRLH - TL 单元结构。该结构是通过在新型 IDC 结构上对称加载短截线电感形成的。

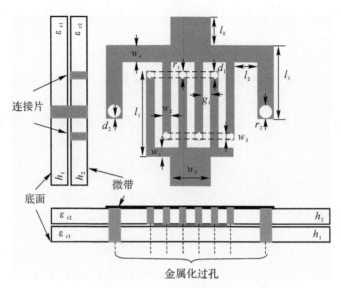

图 4-8　宽带 CRLH-TL 单元结构的三维视图

在 HFSS 中建立模型进行仿真,其结构参数为:$w_0 = 2.8$ mm,$w_1 = 0.5$,$w_2 = 0.4$ mm,$w_3 = 0.2$ mm,$w_4 = 0.4$ mm,$l_0 = 0.5$ mm,$r_1 = 0.3$ mm,$l_1 = 6.8$ mm,$d_1 = 0.1$ mm,$g_1 = 0.2$ mm,$l_2 = 2.5$ mm,$l_3 = 6.7$ mm,$r_2 = 0.4$ mm,$d_2 = 0.15$ mm,$\varepsilon_{r1} = 2.65$,$h_1 = 0.7$ mm,$\varepsilon_{r2} = 2.65$,$h_2 = 0.3$ mm。图 4-9 所示为基于新型 IDC 和传统 IDC 的 CRLH-TL 单元结构的 S 参数的仿真结果。由图可知,基于传统 IDC 的 CRLH-TL 单元结构在 5.1 GHz,6.8 GHz,8.65 GHz,9.8 GHz 产生了谐振,限制了其带宽范围;而新型 IDC 的 CRLH-TL 单元结构在这四个频点处未产生谐振,所以新型 CRLH-TL 与传统结构相比,具有更宽的工作带宽。

图 4-10 所示为基于新型 IDC 的宽带 CRLH-TL 单元结构的等效电路。其中,由 C_L 和 L_R 组成的串联谐振支路用于等效新型 IDC 结构,由 C_R 和 L_L 组成的并联谐振支路用于等效短截线电感。为了便于比较,设计了具有相同结构参数的利用传统 IDC 和金属化过孔接地的短截线实现的 CRLH-TL,同样采用如图 4-10 所示的等效电路。利用 Serenade 软件提取模型中元件值,结果见表 4-1。图 4-11 给出了基于单元结构全波仿真和等效电路结果

计算得到的色散曲线。为了便于比较基于新型和传统 IDC 的 CRLH - TL 单元结构等效元件值的变化,传统 IDC 的 CRLH - TL 单元结构的等效电路并未考虑其寄生谐振。结合表 4 - 1 可以看出,新型 CRLH - TL 单元结构具有更低的左手和右手通带是因为其比相同尺寸的传统 CRLH - TL 单元结构具有更大的 C_R,C_L,L_R 值。由两种单元结构全波仿真和等效电路的色散曲线可知,新型结构具有更低的左手通带。

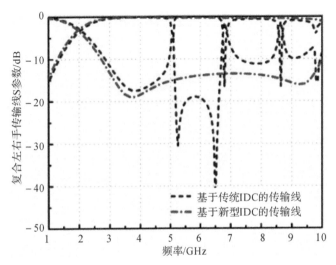

图 4 - 9 IDC 的 CRLH - TL 单元结构的 S 参数仿真结果

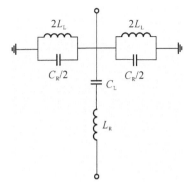

图 4 - 10 基于新型 IDC 的宽带 CRLH - TL 单元结构的等效电路

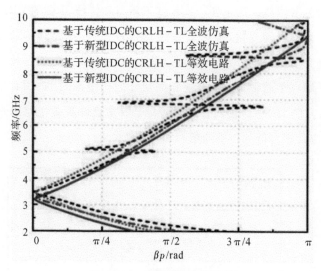

图 4 - 11　单元结构色散曲线

表 4 - 1　等效电路参数

	C_R/pF	L_R/nH	C_L/pF	L_L/nH
传统 CRLH - TL	1.08	2.72	0.79	1.85
新型 CRLH - TL	1.27	2.88	0.92	1.86

4.1.5　新型 CRLH - TL 单元参数特性分析

为了全面认识新型传输线单元结构,本节将深入分析新型 CRLH - TL 单元结构的传输特性,为后续的设计提供参考。为便于分析,以下的参数保持不变:$w_0 = 2.8$ mm,$w_1 = 0.5$ mm,$w_3 = 0.2$ mm,$l_0 = 0.5$ mm,$l_3 = 6.7$ mm,$r_1 = 0.3$ mm,$r_2 = 0.4$ mm,$d_1 = 0.1$ mm,$d_2 = 0.15$ mm,$\varepsilon_{r1} = 2.65$,$h_1 = 0.7$ mm,$\varepsilon_{r2} = 2.65$,$h_2 = 0.3$ mm,只改变结构参数 w_2,l_1,l_2,g_1 和 w_4。为保证分析的准确性,首先给定一组基准参数作为参考:$w_2 = 0.4$ mm,$l_1 = 6.8$ mm,$l_2 = 2.5$ mm,$g_1 = 0.15$ mm,$w_4 = 0.4$ mm,当对一个参数进行分析时,其他均保持为基准参数的值。

(1)交指结构的指长 w_2。w_2 取值依次为 0.3 mm,0.4 mm,0.5 mm,0.6 mm,0.7 mm,得到如图 4 - 12 所示的 S 参数随 w_2 变化的曲线。当 w_2 取值逐渐增大时,单元结构的传输特性变差,这是因为随着 w_2 的增大,IDC 的耦合强度减小,能量不易在传输线上进行传播;而且,高频的截止频率随着 w_2 取值的增大而降低。

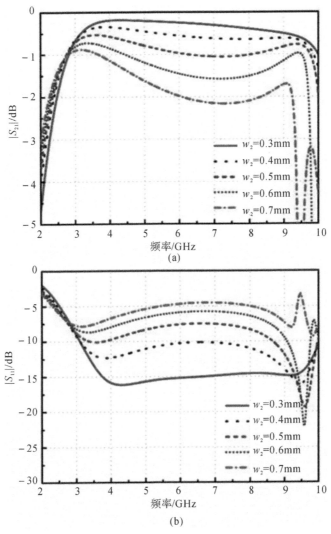

(a)

(b)

图 4 - 12　w_2 对单元特性的影响

(a) $|S_{21}|$；　(b) $|S_{11}|$

(2)交指结构的指长度 l_1。l_1 取值依次为 5.5 mm,6.0 mm,6.5 mm,7.0 mm,7.5 mm,得到如图 4 - 13 所示的 S 参数随 l_1 变化的曲线。当 l_1 取值逐渐增大时,单元结构的传输特性变好,这是因为随着 l_1 的增大,IDC 的耦合强度增大,能量易于在传输线上传播;而且,随着 l_1 的增大,传输线的工作频带下降,这是因为随着 l_1 的增大,C_L、L_R 的值增大,从而实现频率的降低。

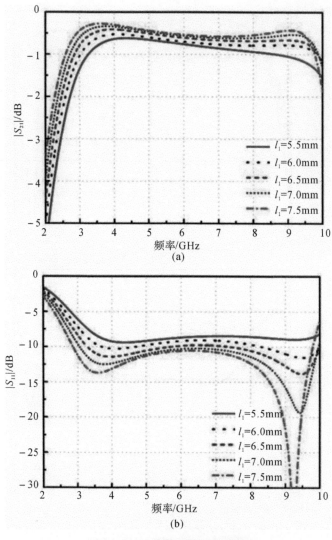

图 4-13 l_1 对单元特性的影响

(a) $|S_{21}|$; (b) $|S_{11}|$

(3)交指结构的指宽 l_2。l_2 依次取值 0.5 mm,1.0 mm,1.5 mm,2.0 mm,2.5 mm,得到如图 4-14 所示的 S 参数随 l_2 变化的曲线。当 l_2 取值

逐渐增大时,单元结构的传输特性逐渐变差,但是变化幅度不大,这说明短路枝节的长度对单元结构的传输特性存在一定影响;而且,随着 l_2 的增大,传输线的工作频带下降,这是因为随着 l_2 的增大,L_L 值会增大,从而实现频率的降低。

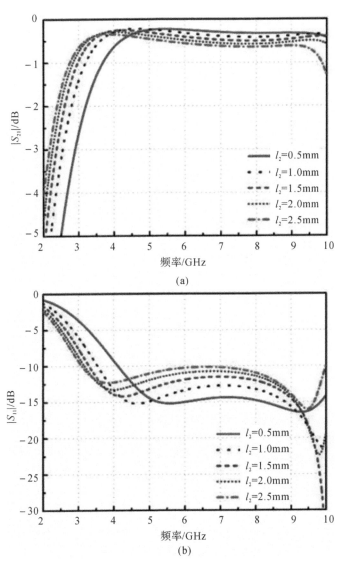

图 4-14　l_2 对单元特性的影响

(a) $|S_{21}|$;　(b) $|S_{11}|$

（4）交指结构的指与指间距 g_1。g_1 的取值依次为 0.1 mm，0.2 mm，0.3 mm，0.4 mm，0.5 mm，得到如图 4-15 所示的 S 参数随 g_1 变化的曲线。当 g_1 取值逐渐增大时，单元结构的传输特性逐渐变差，这是因为随着 g_1 的增大，IDC 的耦合强度减小，能量不易在传输线上传播；而且，随着 g_1 的增大，在高频处出现了谐振，限制了传输线结构的工作带宽。

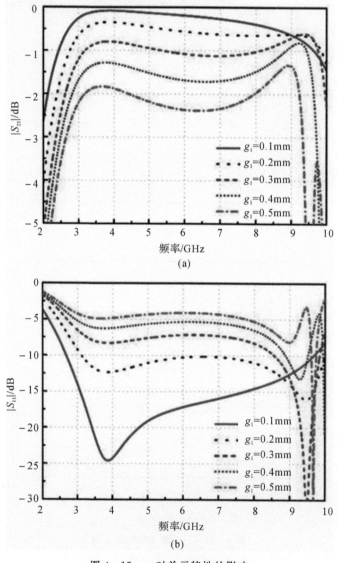

图 4-15 g_1 对单元特性的影响

(a)$|S_{21}|$； (b)$|S_{11}|$

(5)接地短截线的线宽 w_4。w_4 的取值依次为 0.2 mm，0.3 mm，0.4 mm，0.5 mm，0.6 mm，得到如图 4 - 16 所示的 S 参数随 w_4 变化的曲线。当 w_4 取值逐渐增大时，单元结构的传输特性基本不变，这说明短路枝节的宽度对结构的传输特性影响不大；但是随着 w_4 的增大，传输线高频的截止频率降低，这是因为当短路枝节变宽时，C_R 的值增大，从而实现频率的降低。因此，在实际的设计中可以根据需求来选择 w_4 的值。

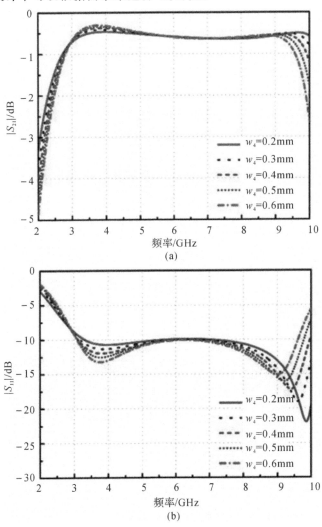

图 4 - 16　w_4 对单元特性的影响

(a) $|S_{21}|$；　(b) $|S_{11}|$

4.2 基于双层 CRLH – TL 的频率扫描馈电网络设计

4.2.1 频率扫描馈电网络特性分析

阵列天线中各单元远场同相叠加的方向即为天线阵的波束指向。换言之,阵列等相位面法向就是阵列的波束指向[158]。当对阵中天线单元同相馈电时,一维阵列形成直线的法向即为波束指向;当对天线阵中各相邻单元进行等相位差馈电时,波束指向就会偏离一维阵列形成直线的法向,馈电相位差越大,波束指向偏离线阵的法向也越大。

频率扫描的一维阵列天线主要分为串馈和并馈两种结构。本节采用并馈方式设计频率扫描天线阵,其馈电网络结构如图 4 – 17 所示,该结构是由三个 Wilkinson 功分器和六条移相线组成的。其中,$a_i(i=1,2,3,4,5)$ 和 $d_m(m=1,2)$ 为归一化入射波电压,$b_i(i=1,2,3,4,5)$ 和 $c_m(m=1,2)$ 为归一化反射波电压。下面将采用微波网络理论对该馈电网络的 S 参数进行推导,以此来说明该网络的基本工作原理。

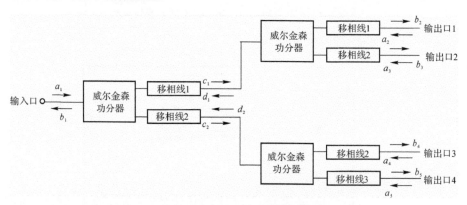

图 4 – 17 频率扫描馈电网络的结构示意图

依据微波网络的基本理论,理想一分二 Wilkinson 功分器各端口之间的 S 参数矩阵 $\boldsymbol{S}_\text{T}$ 可表示为

$$\boldsymbol{S}_\text{T} = \frac{1}{\sqrt{2}} \begin{bmatrix} 0 & 1 & 1 \\ 1 & 0 & 0 \\ 1 & 0 & 0 \end{bmatrix} \tag{4-3}$$

假定移相线 1、移相线 2 和移相线 3 在频率 f 处的移相量分别为 $\varphi_1(f)$、

$\varphi_2(f)$、$\varphi_3(f)$,则它们的 S 参数矩阵 $\boldsymbol{S}_A$、$\boldsymbol{S}_B$、$\boldsymbol{S}_C$ 分别为

$$\boldsymbol{S}_A = \begin{bmatrix} 0 & \mathrm{e}^{\mathrm{j}\varphi_1(f)} \\ \mathrm{e}^{\mathrm{j}\varphi_1(f)} & 0 \end{bmatrix} \tag{4-4}$$

$$\boldsymbol{S}_B = \begin{bmatrix} 0 & \mathrm{e}^{\mathrm{j}\varphi_2(f)} \\ \mathrm{e}^{\mathrm{j}\varphi_2(f)} & 0 \end{bmatrix} \tag{4-5}$$

$$\boldsymbol{S}_C = \begin{bmatrix} 0 & \mathrm{e}^{\mathrm{j}\varphi_3(f)} \\ \mathrm{e}^{\mathrm{j}\varphi_3(f)} & 0 \end{bmatrix} \tag{4-6}$$

按图 4-17 中所标注的各个参数,可得频率扫描馈电网络的参数方程为

$$\left.\begin{aligned} b_1 &= \frac{1}{\sqrt{2}}(d_1 \mathrm{e}^{\mathrm{j}\varphi_1(f)} + d_2 \mathrm{e}^{\mathrm{j}\varphi_2(f)}) \\ c_1 &= \frac{1}{\sqrt{2}}a_1 \mathrm{e}^{\mathrm{j}\varphi_1(f)} \\ c_2 &= \frac{1}{\sqrt{2}}a_1 \mathrm{e}^{\mathrm{j}\varphi_2(f)} \end{aligned}\right\} \tag{4-7}$$

$$\left.\begin{aligned} d_1 &= \frac{1}{\sqrt{2}}(a_2 \mathrm{e}^{\mathrm{j}\varphi_1(f)} + a_3 \mathrm{e}^{\mathrm{j}\varphi_2(f)}) \\ b_2 &= \frac{1}{\sqrt{2}}c_1 \mathrm{e}^{\mathrm{j}\varphi_1(f)} \\ b_3 &= \frac{1}{\sqrt{2}}c_1 \mathrm{e}^{\mathrm{j}\varphi_2(f)} \end{aligned}\right\} \tag{4-8}$$

$$\left.\begin{aligned} d_2 &= \frac{1}{\sqrt{2}}(a_4 \mathrm{e}^{\mathrm{j}\varphi_2(f)} + a_5 \mathrm{e}^{\mathrm{j}\varphi_3(f)}) \\ b_4 &= \frac{1}{\sqrt{2}}c_2 \mathrm{e}^{\mathrm{j}\varphi_2(f)} \\ b_5 &= \frac{1}{\sqrt{2}}c_2 \mathrm{e}^{\mathrm{j}\varphi_3(f)} \end{aligned}\right\} \tag{4-9}$$

联立方程式(4-7) ～ 式(4-9) 可得

$$\begin{bmatrix} b_1 \\ b_2 \\ b_3 \\ b_4 \\ b_5 \end{bmatrix} = \frac{1}{2} \begin{bmatrix} 0 & \mathrm{e}^{\mathrm{j}2\varphi_1(f)} & \mathrm{e}^{\mathrm{j}(\varphi_1(f)+\varphi_2(f))} & \mathrm{e}^{\mathrm{j}2\varphi_2(f)} & \mathrm{e}^{\mathrm{j}(\varphi_2(f)+\varphi_3(f))} \\ \mathrm{e}^{\mathrm{j}2\varphi_1(f)} & 0 & 0 & 0 & 0 \\ \mathrm{e}^{\mathrm{j}(\varphi_1(f)+\varphi_2(f))} & 0 & 0 & 0 & 0 \\ \mathrm{e}^{\mathrm{j}2\varphi_2(f)} & 0 & 0 & 0 & 0 \\ \mathrm{e}^{\mathrm{j}(\varphi_2(f)+\varphi_3(f))} & 0 & 0 & 0 & 0 \end{bmatrix} \begin{bmatrix} a_1 \\ a_2 \\ a_3 \\ a_4 \\ a_5 \end{bmatrix} \tag{4-10}$$

由式(4-10)可得到提出的频率扫描馈电网络的 S 参数矩阵为

$$S = \frac{1}{2}\begin{bmatrix} 0 & e^{j2\varphi_1(f)} & e^{j(\varphi_1(f)+\varphi_2(f))} & e^{j2\varphi_2(f)} & e^{j(\varphi_2(f)+\varphi_3(f))} \\ e^{j2\varphi_1(f)} & 0 & 0 & 0 & 0 \\ e^{j(\varphi_1(f)+\varphi_2(f))} & 0 & 0 & 0 & 0 \\ e^{j2\varphi_2(f)} & 0 & 0 & 0 & 0 \\ e^{j(\varphi_2(f)+\varphi_3(f))} & 0 & 0 & 0 & 0 \end{bmatrix}$$

$$(4-11)$$

由式(4-11)可知,在工作频带内各输出端口的幅度是相等的,且在任一频率 f 处,输出端口 1～4 的相位分别为 $2\varphi_1(f)$、$\varphi_1(f)+\varphi_2(f)$、$2\varphi_2(f)$、$\varphi_2(f)+\varphi_3(f)$,则相邻输出端口的相位差为 $\Delta\varphi_1(f)=\varphi_2(f)-\varphi_1(f)$,$\Delta\varphi_2(f)=\varphi_2(f)-\varphi_1(f)$,$\Delta\varphi_3(f)=\varphi_3(f)-\varphi_2(f)$。

为了设计频率扫描馈电网络,需要满足以下两个条件:① 输出端口之间的相位差在任意一个固定频率处相等,即 $\Delta\varphi_1(f)=\Delta\varphi_2(f)=\Delta\varphi_3(f)$;② 在馈电网络的工作频带范围内,相位差具有连续性。对应到提出的馈电网络结构中,则需要移相线1、移相线2、移相线3的相位满足如图4-18所示的关系。由于本节提出的馈电网络中 $\Delta\varphi_1(f)=\Delta\varphi_2(f)=\varphi_2(f)-\varphi_1(f)$,则只需要满足 $\Delta\varphi_2(f)=\Delta\varphi_3(f)$ 即可。因此,本节所提出的频率扫描馈电网络的设计方案减少了移相线的个数,从而减小了设计的难度。

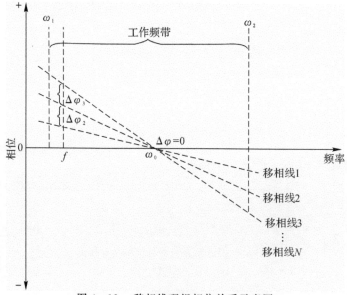

图 4-18　移相线理想相位关系示意图

图 4-19 所示为频率扫描阵列天线的辐射原理图,各阵元间距为 d。假定设计要求如下:在 $f = f_1$ 时,最大辐射方向偏离阵面法线方向 $-\theta$;在 $f = f_2$ 时,最大辐射方向偏离阵面法线方向 θ。MM' 和 PP' 分别是夹角为 $-\theta$ 和 θ 时的等相位面。在阵列设计中需要同时考虑阵元间的互耦问题和阵列的栅瓣问题(通常,以克服栅瓣问题为先)。根据文献[151],不出现栅瓣的条件为

$$d_{\max} < \frac{2\pi c}{f_2(1 + |\sin\theta|)} \tag{4-12}$$

在选定 $d_{\max}$ 后,可以通过计算得到频率 f_1 和 f_2 处相应的相移要求为

$$\Delta\varphi(f_i) = \varphi_j(f_i) - \varphi_{j-1}(f_i) = -\frac{2\pi f_i}{c}d_{\max}\sin\theta \quad (i = 1,2; j = 2,3,\cdots,N) \tag{4-13}$$

式中,c 为光速。

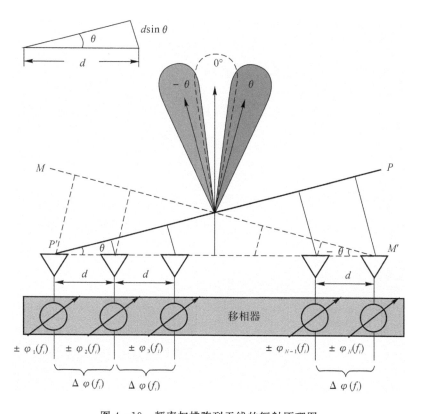

图 4-19　频率扫描阵列天线的辐射原理图

4.2.2 宽带 Wilkinson 功分器设计

由于所设计的频率扫描馈电网络的带宽为 3~9 GHz,为了满足其带宽要求,采用多节 Wilkinson 功分器。多节 Wilkinson 功分器是在单节 Wilkinson 功分器的基础上,增加四分之一波长的传输线和相应数目的隔离电阻实现的。对于多节阻抗变换器,当每节阻抗变换段所产生的反射波相互叠加实现抵消时,就可以实现宽带匹配,从而获得宽带性能。本书以两节阶梯阻抗变换器为基础设计宽带 Wilkinson 功分器,其拓扑结构如图 4 - 20 所示。端口 1 为输入口,端口 2 和端口 3 为两个输出口,各端口的特性阻抗 $Z_0 = 50\ \Omega$,R_1 和 R_2 为两个隔离电阻。在 Wilkinson 功分器中,两隔离电阻之间的均匀传输线用一个两节阻抗变换器替代。通过分析可以得到 $R_1 = 100\ \Omega$,$R_2 = 200\ \Omega$,$Z_1 = Z_2 = 77.3\ \Omega$,$Z_3 = 60.8\ \Omega$。

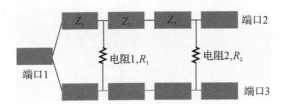

图 4 - 20　宽带 Wilkinson 功分器拓扑结构图

图 4 - 21 为宽带 Wilkinson 功分器的结构。选择的介质板介电常数为 $\varepsilon_r = 2.65$,厚度为 $h = 1$ mm,损耗角正切 $\tan\delta = 0.001$。结合上述分析,并通过仿真软件 HFSS 的优化设计,得到宽带 Wilkinson 功分器的结构参数为:$R_1 = 100\ \Omega$,$R_2 = 200\ \Omega$,$w_0 = 2.8$ mm,$w_1 = 1.3$ mm,$l_1 = 5.5$ mm,$w_2 = 1.3$ mm,$l_2 = 0.7$ mm,$w_3 = 2$ mm,$l_3 = 5.1$ mm,$w_4 = 1$ mm,$l_4 = 1.5$ mm,$l_5 = 1.5$ mm,$d = 4.3$ mm。

由图 4 - 22 所示的宽带 Wilkinson 功分器 S 参数仿真结果可以看出,在 2.96~10.68 GHz 频段范围内,输入端口的反射系数小于 -15 dB;两个输出端口之间的隔离度大于 15 dB,幅度差小于 0.03 dB。

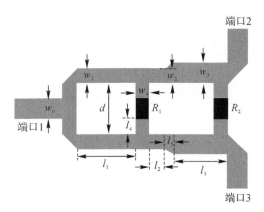

图 4 - 21　宽带 Wilkinson 功分器结构图

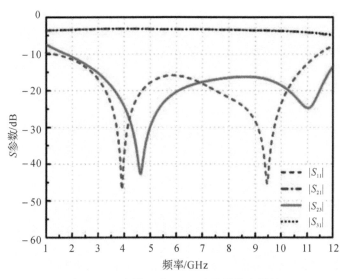

图 4 - 22　宽带 Wilkinson 功分器仿真结果

4.2.3　基于新型 CRLH - TL 的宽带移相线设计

　　设计如图 4 - 17 所示的宽带频率扫描馈电网络的另一个关键部分是宽带
移相线。由 4.1.4 小节的分析可知,基于新型 IDC 的 CRLH - TL 单元结构
具有宽带特性,通过单元级联可以设计出宽带 CRLH - TL。为了设计宽带频
率扫描馈电网络,本节设计了如图 4 - 23 所示的移相线。其中,以传统传输线

（移相线 1）为参考线，移相线 2 和移相线 3 分别是由两个和四个新型 CRLH -
TL 单元结构组成的。两端的微带线部分可以用于传输线相位的微调，以获
得所需要的相位差。

在进行移相线的设计时，需要同时考虑所设计阵列天线带宽、天线扫描角
范围和天线单元间距。本节设计的频率扫描阵列天线的具体指标为：天线工
作带宽为 3～9 GHz，扫描角范围为 ±45°。对应图 4 - 19，当 f_1＝3 GHz 时，
θ＝－45°；当 f_2＝9 GHz 时，θ＝45°。通过式（4 - 12）的计算可知 $d_{\max}$＜19.53 mm。
选择单元间距为 $d_{\max}$＝19.5 mm，将其代入式（4 - 13）计算得到 $\Delta\varphi(f_1)$＝
49.64°，$\Delta\varphi(f_2)$＝－148.92°。为设计具有相应相移特性的传输线，CRLH - TL
的等效集总元件的值应满足

$$
\left.
\begin{aligned}
L_{\mathrm{R}} &= \frac{Z_0\left[\left(\frac{f_1}{f_2}\right)\psi_1 - \psi_2\right]}{n2\pi f_2\left[1-\left(\frac{f_1}{f_2}\right)^2\right]}, \quad
C_{\mathrm{R}} = \frac{\left(\frac{f_1}{f_2}\right)\psi_1 - \psi_2}{n2\pi f_2 Z_0\left[1-\left(\frac{f_1}{f_2}\right)^2\right]} \\
L_{\mathrm{L}} &= \frac{nZ_0\left[1-\left(\frac{f_1}{f_2}\right)^2\right]}{2\pi f_1\left[\psi_1 - \left(\frac{f_1}{f_2}\right)\psi_2\right]}, \quad
C_{\mathrm{L}} = \frac{n\left[1-\left(\frac{f_1}{f_2}\right)^2\right]}{2\pi f_1 Z_0\left[\psi_1 - \left(\frac{f_1}{f_2}\right)\psi_2\right]}
\end{aligned}
\right\} \quad (4 - 14)
$$

式中，n 为传输线中 CRLH - TL 单元结构的个数，Z_0＝50 Ω。令 ψ_1＝$\Delta\varphi(f_1)$＝
49.64°，ψ_2＝$\Delta\varphi(f_2)$＝－148.92°，通过式（4-14）计算可得，当单元结构的个数
为 2，即 n＝2 时，满足条件的元件参数值为 L_{R}＝1.72nH，C_{R}＝0.69pF，L_{L}＝
2.72nH，C_{L}＝1.09pF。经过优化设计，得到单元的结构参数为 w_0＝2.8 mm，
w_1＝0.3 mm，w_2＝0.4 mm，w_3＝0.2 mm，w_4＝0.4 mm，l_0＝0.5 mm，l_1＝
6.94 mm，l_2＝2.5 mm，l_3＝6.7 mm，g_1＝0.14 mm，r_1＝0.3 mm，r_2＝0.4
mm，d_1＝0.1 mm，d_2＝0.15 mm，$\varepsilon_{\mathrm{r1}}$＝2.65，$h_1$＝0.7 mm，$\varepsilon_{\mathrm{r2}}$＝2.65，
h_2＝0.3 mm，L_1＝63.5 mm，L_2＝26.5 mm，L_3＝20.8 mm。图 4 - 24 为移
相线 1、移相线 2 和移相线 3 的 S 参数仿真结果，在 3～9 GHz 频率范围内，移
相线的反射系数均小于 －10 dB，传输系数均大于 －2 dB，大部分频带大于 －1
dB，具有良好的通带特性。

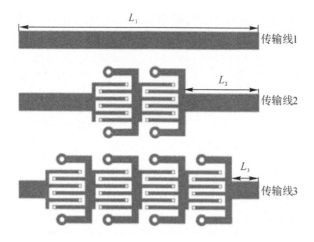

图 4 - 23　移相线结构

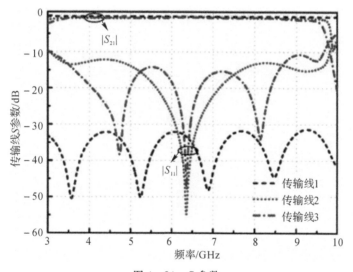

图 4 - 24　S 参数

图 4 - 25 为移相线相位特性的仿真结果,可以看出,移相线相位曲线的斜率随着单元结构数目的增加而增大,为了进一步说明各个移相线之间的相位关系,图 4 - 26 给出了移相线之间的相位差曲线。在 4.7 GHz 处,三种移相线之间的相位差为 0°;当频率小于 4.7 GHz 时,移相线 3 与移相线 2 之间的相位差($P_3 - P_2$)和移相线 2 与移相线 1 之间的相位差($P_2 - P_1$)为正值;相反,当频率大于 4.7 GHz 时,移相线 3 与移相线 2 之间的相位差($P_3 - P_2$)和

移相线 2 与移相线 1 之间的相位差 (P_2-P_1) 为负值。此外,从图 4-26 还可以看出,在 3～9 GHz 频带范围内,移相线的相位差之间的不平衡度小于 ±4°。并且,在 3 GHz 处,移相线的相位差分别为 49.3°和 51.2°;在 9 GHz 处,移相线的相位差分别为 -149.3°和 -151.2°,与所要求的相位差基本一致。

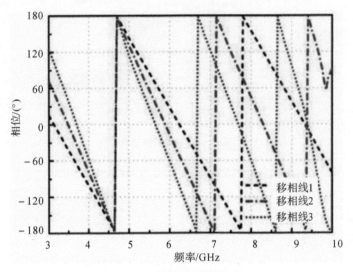

图 4-25　移相线的相位特性

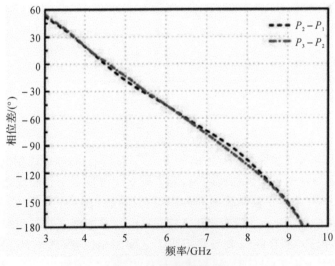

图 4-26　移相线相位差

此外,根据式(4-14)可以计算出在频率范围和扫描角给定情况下集总元件的值,只需要设计出具有相应等效集总参数的 CRLH-TL 传输线就可以设计出所需频率范围和扫描角的馈电网络。

4.2.4 频率扫描馈电网络实验结果

频率扫描馈电网络是用频率来控制馈电网络的输出相位的。设计频率扫描馈电网络可以采用 SW-TL 结构,但是采用慢波结构设计的频率扫描馈电网络往往带宽较窄,且损耗大;随着对 CRLH-TL 研究的不断深入,其逐步用来代替 SW-TL 设计具有大扫描角和小尺寸的频率扫描馈电网络。文献[158]采用微带线形式的 CRLH-TL 设计了频率扫描馈电网络,该网络具有较宽的工作带宽。文献[159]采用 SIW 设计了工作于高频的频率扫描馈电网络,该网络虽然具有较好的幅度一致性,且相邻输出端口之间的相位差的一致性较好,但是其仍具有较大的损耗且带宽较窄。本节将采用新型双层 CRLH-TL 设计能够实现较大扫描角度的频率扫描馈电网络。

采用移相线 1、移相线 2、移相线 3 及宽带 Wilkinson 功分器按照图 4-17 所示的结构集成频率扫描馈电网络,并进行仿真。图 4-27 给出了频率扫描馈电网络的 S 参数仿真结果,其中输出端口 1~4 的传输系数分别对应于 $|S_{21}|$,$|S_{31}|$,$|S_{41}|$,$|S_{51}|$。从图中可知,在 3~9 GHz 频率范围内,所设计的馈电网络输入端口的反射系数小于 -13 dB,输出端口传输系数的幅度为 (7.5 ± 1.5) dB。图 4-28 给出了网络相邻输出端口隔离系数仿真结果。从图中可以看出,在 3~9 GHz 范围内,相邻输出端口间隔离系数小于 -15 dB。

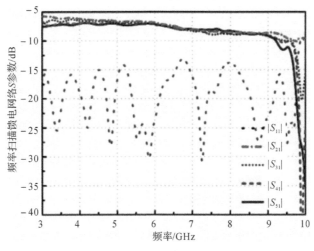

图 4-27 传输系数和反射系数

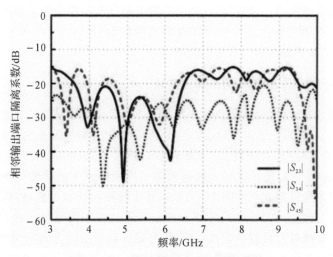

图 4-28　频率扫描馈电网络隔离系数

对于频率扫描馈电网络,在保证端口幅度特性的同时,相邻输出端口之间需要有良好的相位差特性。图 4-29 给出了通带范围内相邻输出端口之间的相位差仿真结果。由图可知,在 4.7 GHz 处,相邻输出端口之间的相位差为 0°。当频率小于 4.7 GHz 时,相邻输出端口之间的相位差为负值。相反,当频率大于 4.7 GHz 时,相邻输出端口之间的相位差为正值。在 3～9 GHz 频率范围内,传输线相位差的不平衡度小于 5°。在 3 GHz 处,相邻端口的相位差分别为 48.6°,50.2°,52.1°,基本满足频率为 3 GHz、单元间距为 19.5 mm、扫描角为 −45° 时,相位差等于 49.64° 的要求;在 9 GHz 处,相邻端口的相位差分别为 −149.81°,−147.92°,−152.12°,基本满足频率为 9 GHz、单元间距为 19.5 mm、扫描角为 45° 时,相位差等于 −148.92° 的要求。

综上所述,所设计的频率扫描馈电网络在 3～9 GHz 频率范围内,输出端口传输系数的幅度为 (7.5±1.5) dB,传输线相位差的不平衡度小于 5°,能够满足在单元间距为 19.5 mm 时,扫描角为 ±45° 的要求。

4.3　频率扫描阵列天线设计

4.3.1　准八木天线四元阵设计

端射天线因其具有高定向性,在导弹、卫星等领域有着广泛的应用,宽带端射天线主要有以下几种:八木天线、对数周期天线以及 Vivaldi 天线等。在设计宽带阵列天线时,采用单元实现阵列的方式并不适用,因为宽带阵列天线中存在的单元间互耦对阵列特性的影响具有决定性的作用[9]。所以,宽带阵列天线的设计思路如下:一是确定天线结构、单元间距以及激励系数等;二是在阵列环境中考虑互耦来设计单元,实现单元特性在阵中的最优化;三是考虑阵列天线的性能要求,合理利用设计的天线单元结构组成阵列,实现阵列特性的最优化。

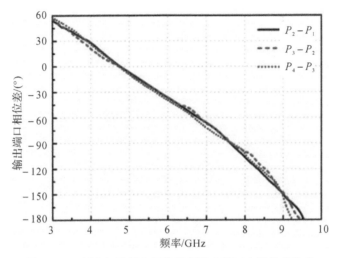

图 4 - 29　频率扫描馈电网络相邻输出端口之间的相位差

图 4 - 30 为八木天线单元,这里采用微带-槽线的馈电方式。在阵列环境中,所确定的天线单元具体结构参数为:$w_0 = 59.5$ mm,$l_0 = 61.75$ mm,$w_1 = 2.8$ mm,$l_1 = 12.2$ mm,$l_{11} = 8.05$ mm,$l_{12} = 8.8$ mm,$w_2 = 1.7$ mm,$l_2 = 3.15$ mm,$l_{21} = 1.7$ mm,$w_3 = 1.1$ mm,$l_3 = 1.5$ mm,$w_4 = 0.6$ mm,$l_4 = 1.5$ mm,$r_1 = 3.2$ mm,$\theta = 160°$,$r_2 = 2.5$ mm,$l_5 = 7.5$ mm,$l_6 = 7.6$ mm,$g_1 = 1.2$ mm,$g_2 = 4$ mm,$g_3 = 2$ mm,$w_5 = 2$ mm,$w_6 = 4.2$ mm,$w_7 = 7.1$ mm,$l_7 = 18$ mm,$w_8 = 1$ mm,$l_8 = 8$ mm,$g_4 = 2.3$ mm。阵列天线如图 4 - 31 所示,该阵列是一个有源阵子相互连接的四元天线阵。在 HFSS 中建立模型进行仿真分析,这里阵列中的各个单元馈电信号是等幅同相的。图 4 - 32 为阵列天线中各个单元的有源电压驻波比的仿真曲线;图 4 - 33 为阵列天线中单元间耦合系数。从图 4 - 32 可以看出,阵列天线中 4 个单元在 2.9～9 GHz 范围内驻波比小于 1.75,这说明阵列环境中天线单元匹配良好。从图 4 - 33 可以看出,在整个频带内阵列天线中的单元间互耦小于－10 dB。

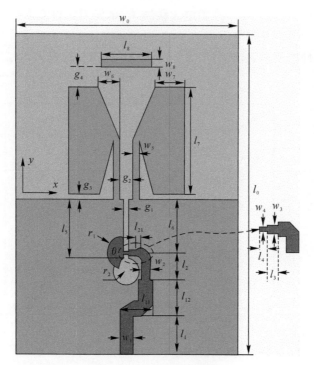

图 4 - 30　八木天线单元

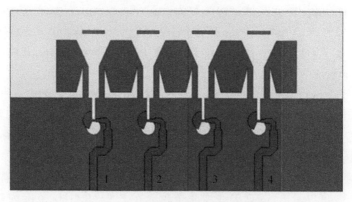

图 4 - 31　四元天线阵列结构示意图

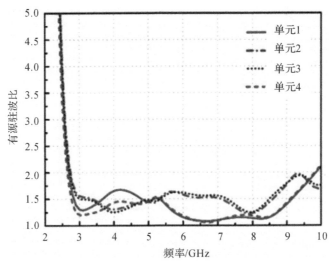

图 4 - 32　阵列天线中各单元驻波比

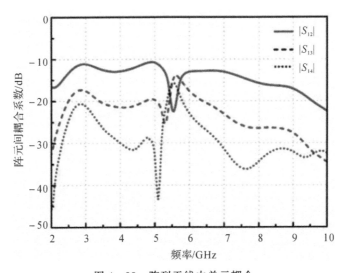

图 4 - 33　阵列天线中单元耦合

　　图 4 - 34 为阵列天线在 3.5 GHz、5.5 GHz、7.5 GHz 时 E 面和 H 面的归一化方向图。从图中可以看出,阵列天线在保证较低的交叉极化电平的同时具有较好的定向辐射能力和较大的前后比。图 4 - 35 和图 4 - 36 分别为阵列天线增益和效率的仿真曲线。从图中可以看出,该阵列天线在 3.2～10

GHz频带范围内增益大于 5 dB,效率大于 90%。该阵列天线的设计可以满足频率扫描阵列天线实现大角度扫描的需要,并且保证了阵列天线的高效率和良好的增益特性。因此,所设计的四元阵可以用于频率扫描阵列天线的集成。

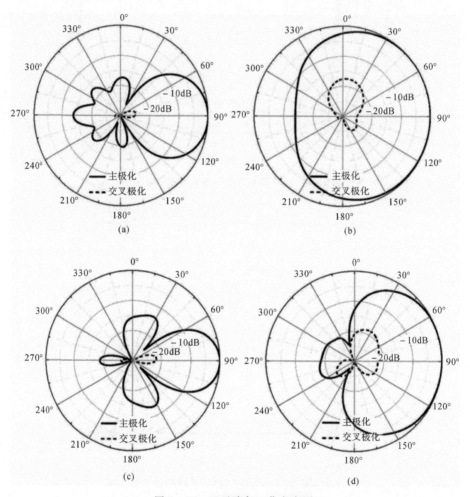

图 4-34　四元阵归一化方向图
(a)3.5 GHz 时 E 面;　(b)3.5 GHz 时 H 面;
(c)5.5 GHz 时 E 面;　(d)5.5 GHz 时 H 面;

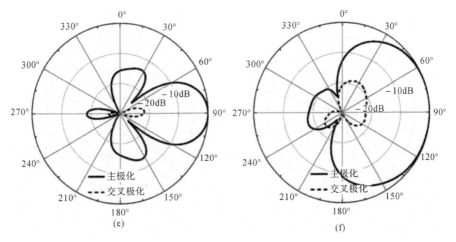

续图 4-34　四元阵归一化方向图

(e)7.5 GHz 时 E 面；　(f)7.5 GHz 时 H 面

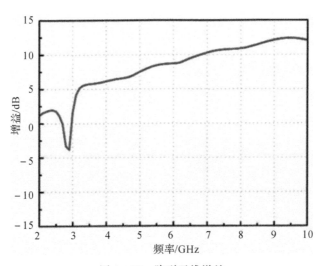

图 4-35　阵列天线增益

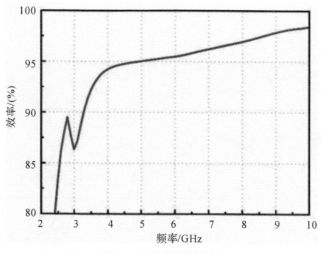

图 4 - 36 阵列天线效率

4.3.2 频率扫描阵列天线的实验结果

将所设计的频率扫描馈电网络与宽带准八木天线集成具有频率扫描功能的天线阵,实物如图 4 - 37 所示。图 4 - 38 为频率扫描阵列天线反射系数的仿真和测试曲线。由测试曲线可知,在 2.55~10 GHz 范围内,阵列天线的反射系数小于 −10 dB。

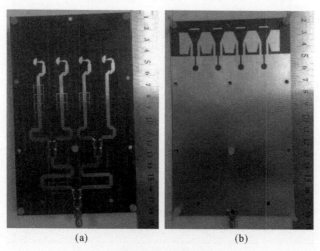

(a)   (b)

图 4 - 37 频率扫描阵列天线实物图

(a)正面; (b)反面

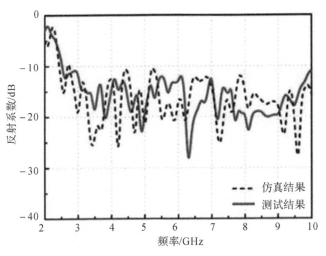

图 4-38　阵列天线反射系数仿真和测试结果

图 4-39 为阵列天线方向图的仿真和测试结果。由于是 E 面组阵,实现 E 面扫描,这里只给出 E 面方向图。图 4-39(a)~(f)分别给出了扫描角为 -45°,-30°,-15°,15°,30° 和 45° 的 E 面方向图,它们所对应的频点分别为 3 GHz,3.15 GHz,3.7 GHz,6.2 GHz,8.1 GHz 和 9 GHz。测试所得的最大辐方向与阵列天线口径的法向的夹角分别为 -47°,-31°,-14°,16°,29° 和 46°。虽然测试结果与仿真结果略有偏差,但是阵列天线波束能够实现随频率变化由前向至后向逐步扫描。图 4-40 给出了阵列天线增益曲线,阵列天线增益的测试结果不仅低于仿真结果,而且也低于未加入馈电网络时阵列天线的增益。分析阵列天线测试和仿真的扫描角度偏差和增益减小的原因,主要包括以下几个方面:①由图 4-27 所示的馈电网络的 S 参数仿真结果可知,随着频率的增加,馈电网络的插入损耗也增大,其在高频处存在能量的损失;②由于馈电网络输出端口之间的相位差之间具有不一致性,会导致各单元的辐射在远场不能完全同相叠加,从而降低了增益;③介质板存在损耗,介质板的不均匀性会导致能量损耗;④对阵列天线进行组装时的误差,使得实际测量中接收和发射方向之间存在偏差角;⑤测量中存在的极化失配等也会影响天线性能。

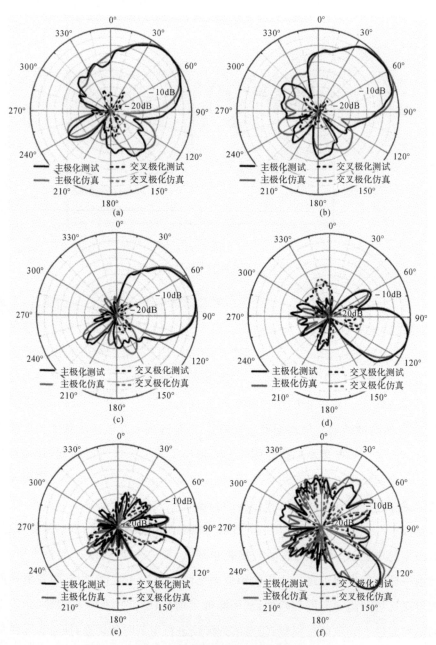

图 4-39　阵列天线 E 面方向图

(a)3 GHz，-45°；　(b)3.15 GHz，-30°；　(c)3.7 GHz，-15°；

(d)6.2 GHz，15°；　(e)8.1 GHz，30°；　(f)9 GHz，45°

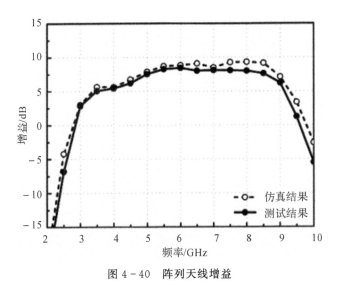

图 4 - 40　阵列天线增益

综上所述,所设计的阵列天线在 3～9 GHz 范围,随着频率增加实现波束的前向和后向扫描,且两个方向的扫描角均达到了 45°。

4.4　小　　结

本章采用新型双层 CRLH - TL 设计了同时能够实现正向和负向扫描功能的频率扫描阵列天线。所设计的频率扫描阵列天线的工作带宽为 3～9 GHz,在 3 GHz 和 9 GHz 频率处扫描角分别达到了 −47° 和 46°。首先,分析了传统 IDC 结构高频谐振的产生,并分析了消除谐振的方法。在此基础上提出了同侧交指连接的新型 IDC 单元,并通过等效电路分析了新型单元能够消除传统单元中的高频谐振。其次,基于新型 IDC 单元设计了具有宽带特性的CRLH - TL,并分析了单元的特性。然后,分析了频率扫描馈电网络的特性,并提出了一种能够使用较少移相线来实现所需功能的频率扫描馈电网络;设计了超宽带 Wilkinson 功分器和移相线,并按照结构图设计了宽带频率扫描馈电网络,为了验证网络特性,设计了一个有源阵子相互连接的四元准八木天线阵。最后,将网络与准八木天线集成了频率扫描阵列天线。该阵列天线能够覆盖 C 波段,且能够实现较大的前向和后向扫描角度。此外,采用馈电网络与天线分开设计的方法具有更强的灵活性,能够保证能量的有效辐射,天线形式的选择也更加多样。

第 5 章　基于新型简化复合左右手传输线的宽带单脉冲阵列天线

现代战争中,需要通过地面雷达系统、空中信息平台和天基卫星协同侦察获取作战情报。在联合作战中,一旦上述系统发现了空情,就需要对敌方信号进行跟踪。对于侦收信号,雷达通常会采用圆锥角扫描、顺序波束转换以及单脉冲体制等方法进行跟踪[160-161]。但是,圆锥角扫描和顺序波束转换存在提取误差信息耗时,跟踪速度较快的目标时测角误差过大,对敌方目标的散射截面积变化十分敏感,从而导致回波信号极易出现起伏和受到敌方角度欺骗的干扰等缺点[160]。采用单脉冲和差波束体制进行跟踪能够用最短的时间获得误差信号,且在角度测量方面具有很高的精度,此外这种体制有着较强的抗干扰能力,十分适用于目标跟踪。单脉冲雷达系统能否实现跟踪所需的和差功能,关键取决于和差馈电网络的性能是否满足要求。此外,在跟踪时,既要有和信号,还要有方位差信号和俯仰差信号才能实现目标在二维方向的精确跟踪。窄带单脉冲天线受频带的制约,只能对工作频率范围较小的目标进行跟踪。当目标频率不在其工作范围时,窄带单脉冲天线就无能为力了。因此,为了应对敌方工作频率不同的目标,需要采用对目标工作频率不敏感的宽带单脉冲天线。

与 CRLH - TL 相比,SCRLH - TL 虽然不具备相位超前特性,但是它的结构更加简单,且能实现超宽带工作,在部分场合能够取代 CRLH - TL 用于超宽带器件的设计。本章基于 IDC 加载的 SCRLH - TL 结构的移相器、超宽带定向耦合器设计能够同时实现和、俯仰差和方位差三种信号的宽带和差网络,并结合宽带天线设计宽带单脉冲天线系统。主要工作如下:首先,提出一种 IDC 加载的 SCRLH - TL,分析 SCRLH - TL 的特性;其次,对单脉冲天线系统的方向图特性进行分析;再次,基于新型 SCRLH - TL 设计宽带 90°差分移相器,并与宽带 3 dB 定向耦合器结合设计宽带和差网络;最后,设计 Vivaldi 天线,并与馈电网络集成单脉冲天线系统。

5.1　单脉冲雷达测角原理

根据提取目标回波信号角信息方式的不同,单脉冲定向法主要有三种:振幅定向法、相位定向法和综合定向法[162-166]。

在采用振幅定向法工作的单平面单脉冲雷达系统中,需要两个相互重叠的天线方向图来测定目标在平面内的角坐标,其测角示意图如图 5 - 1 所示。两个波束的中心线相对于等强信号方向偏离的角度分别为 $+\theta_0$,$-\theta_0$。当目标在偏离等强信号方向 $+\theta$ 处时,两个波束受到的信号的振幅是不同的,其振幅差值就表示目标对等强信号方向的偏移量,振幅差值的符号表示等强信号相对于目标的偏离方向。当目标位于等强信号方向时,两个波束接收到的信号幅度是相等的,振幅差为零。

在采用相位定向法工作的单平面单脉冲雷达系统中,需要将两个天线接收的信号相位加以比较来确定目标在坐标平面内的方向。与二元阵列天线理论类似,在远区场,两个天线探测同一目标,其回波信号的振幅是相等的,而相位是不同的。需要说明的是,由于定向特性曲线是符号交替变化的曲线,当两个回波信号的相位差为零时,目标不一定位于等强信号方向。除了位于等强信号方向外,还可能位于其他虚假的等强信号方向。因此,采用相位定向法探测目标时,测量的结果为多值。如果虚假的等强信号方向是处于方向图的主瓣以外,测量的非单值性就不会影响目标位置的确定。

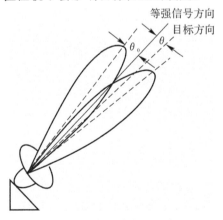

图 5 - 1　振幅定向法测角

振幅定向法和相位定向法是两种基本的定向方法,由两种方法合成的振幅-相位定向法(或称为综合法)也得到了应用。

在单脉冲雷达系统中,目标的角度信息是将回波信号进行比较得到的。在进行比较时,测角系统的输出电压与回波信号的振幅绝对值无关,只取决于信号的到达角。因此,单脉冲雷达的定向特性应为信号到达角的实数奇函数[160],也就是说,当目标由上及下(或由左及右)偏离等强信号方向时,测角系统的输出电压会以等强信号方向为对称轴由正到负(或由负到正)地变化。包含在对比信号中的到达角的原始数据是由单脉冲天线在接收信号时形成的,因此,从这个意义上说,天线也被称为角度传感器[162,164]。

当角度鉴别器利用角度相乘函数来构成定向特性时,如果只对回波信号的振幅关系起作用,则此鉴别器叫作振幅角度鉴别器;如果只对回波信号的相位关系起作用,则叫作相位角度鉴别器。当利用角度相加函数来构成定向特性时,如果对于信号的振幅和相位关系都起作用,则此角度鉴别器叫作和差角度鉴别器。

根据角度鉴别器的不同,单脉冲测角方法可分为三种:振幅法、相位法以及和差法。每种方法均可以用于振幅定向法、相位定向法和综合定向法。因此,总共有九种基本形式的单脉冲雷达系统,具体分类见表 5-1。在 9 种单脉冲测向的实现方式中,振幅-和差单脉冲法具有天线结构合理、电性能好和电轴稳定等优点,应用最为广泛。因此,研究振幅-和差单脉冲雷达系统具有十分重要的现实意义。天线系统是单脉冲雷达系统的重要组成部分,本书将对振幅-和差单脉冲天线系统进行深入系统的研究[164]。

表 5-1　单脉冲雷达系统的分类

测角方法	定向方法		
	振幅法	相位法	综合法
振幅式	振幅-振幅	相位-振幅	综合-振幅
相位式	振幅-相位	相位-相位	综合-相位
和差式	振幅-和差	相位-和差	综合-和差

5.2　振幅单脉冲天线系统

根据探测和跟踪空间范围不同,振幅-和差单脉冲雷达可以分为单平面振幅-和差单脉冲雷达和双平面振幅-和差单脉冲雷达两种。两种雷达的工作原理是一样的,单平面振幅和差单脉冲雷达只能在一个平面上对目标进行测量和跟踪,一般为俯仰面,其结构相对简单;双平面振幅和差单脉冲雷达能够在空间对目标进行两个平面自动方向跟踪,即方位面和俯仰面,可以提供两个目标平面的信息,其应用范围更为广泛。下面以双平面振幅和差单脉冲雷达为例,对单脉冲天线系统的构成及原理进行简要介绍[151,164,167]。

图 5 - 2 所示为双平面振幅和差单脉冲雷达的组成框图,可以看出,单脉冲天线系统位于单脉冲雷达系统的最前端,由单脉冲和差器与辐射天线两部分组成。天线系统能够按照要求同时实现若干个波束,而且可以提供目标的和信息与差信息。因此,单脉冲天线系统是整个单脉冲雷达技术的关键。

从原理上讲,单脉冲天线是一种采用多个波束同时从一个脉冲中获得目标方向信息的跟踪天线。图 5 - 3 所示为双平面单脉冲雷达的天线波束分布,可以看出,天线能够产生一个和波束与四个差波束。

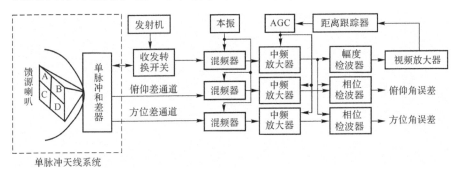

图 5 - 2　双平面振幅和差单脉冲雷达组成框图

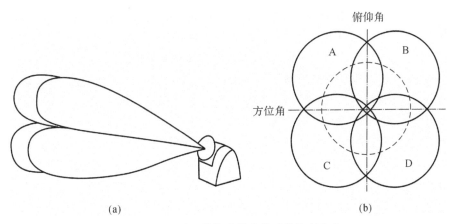

(a)　　　　　　　　　　　　　　　(b)

图 5 - 3　双平面单脉冲雷达的天线波束分布
(a)双平面天线辐射图;　(b)双平面天线和差波束方向图

　　振幅定向单脉冲雷达要求天线在一个角平面内有两个部分重叠的波束，其获取角误差信号的基本方法就是将这两个波束同时收到的信号进行和、差处理，分别得到和、差信号，其中差信号就是该角平面的角误差信号，从而获得角误差信息。如图5-4所示，两个波束的最大方向与天线的轴向方向各偏离±θ，形成了两个交叉的波束，A代表目标的方向，两个波束收到的回波信号的相位相同，幅度不等。这时，两个信号相减形成的误差信号就是目标方向的函数，误差信号的大小表示偏离天线轴向的偏移量，误差信号的符号表示目标的偏移方向。

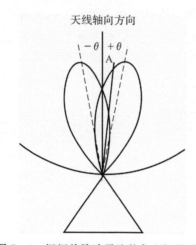

图5-4　振幅单脉冲雷达的角坐标的测定

　　为了对空中目标进行自动方向跟踪，必须在方位和仰角两个平面上进行角跟踪，这就必须获得方位和仰角两个角误差信息，为此需要4个馈源喇叭照射一个反射体，以形成四个对称且部分重叠的波束，如图5-5所示。在发射状态时，反射功率经和差网络平均分配，四个天线单元的相位分布一致，在空间合成一个和波束。在接收状态时，4个天线馈电单元经过和差网络形成4个接收波束。其中图5-5(a)为和波束，由4个天线单元的接收信号全部相加而成，其中心轴即天线的瞄准轴。和波束的接收信号经和支路接收机放大、检波以后，用以提供目标的距离、速度等信息。图5-5(b)的两个波束为仰角测角波束，其形状相同，与瞄准轴上下对称排列，以一定角度重叠。图5-5(c)为方位角测角波束，处于同一个水平平面上（与俯仰波束垂直），也是形状相同，与瞄准轴左右对称排列，以一定角度重叠。两个方位波束接收的信号，经和差比较网络，进行幅度相减，取得方位角差信号。当天线瞄准轴对准目标时,两个方位波束接收的信号幅度相同,其差信号为零。当目标在方位上偏离天线瞄准轴时,两个方位波束接收的信号幅度不同,就有幅度差信号输出,称为方位差信号。这个差信号经方位差支路接收机放大并与和支路信号在相位检波器中相乘,产生方位误差信号,误差信号大小与目标偏离旋转轴的角度成比例,极性取决于偏离的方向。误差信号送到天线控制系统,驱动天线向减小方位误差信号的方向转动,直到瞄准轴对准目标、方位误差信号为零时,天线停止转动,从而使天线在方位上精确地跟踪目标。两个仰角波束和仰角差支路的工作情况与方位差支路类似。

需要说明的是,单脉冲天线的端口编号以图 5 - 5 为标准,即端口 1 与端口 3、端口 2 与端口 4 分别处在对角的位置上。

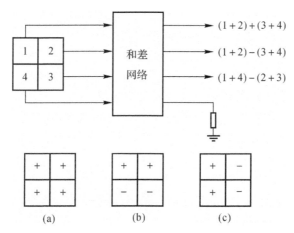

图 5 - 5　双平面振幅和差单脉冲雷达前端组成框图
(a)和信号;　(b)俯仰差信号;　(c)方位差信号

和差馈电网络将同时收到的信号进行和、差处理,分别得到和信号与差信号。与和、差信号相应的分别为和、差波束。可以看到,双平面单脉冲天线系统具有 3 个波束,即一个和波束和两个差波束。其中,和波束用于发射、观察和测距,同时用作相位鉴别器的相位比较基准,差波束用于测角。

(1)和波束:在天线轴线方向的增益最高,与一般的天线波束没有什么区别。一般用它来获取距离信息以及与误差信号进行比较的基准信号。

(2)方位差波束:在水平面内对称于天线轴的两个波瓣,天线轴是两个波瓣的零点。一般用它来获取目标的方位误差信息。

(3)俯仰差波束:在垂直面内对称于天线轴的两个波瓣,天线轴是两个波瓣的零点。一般用它来获取目标的俯仰误差信息。

5.3 振幅单脉冲天线的性能参数

对于一个单脉冲天线系统来说,最主要的电参数有和增益、差增益以及差相对斜率,它们决定了雷达系统的距离灵敏度、角度灵敏度和误差灵敏度,直接决定了雷达系统的整体性能。距离灵敏度是和信号随目标距离的变化率。角度灵敏度是误差信号随目标角位置的变化率。误差灵敏度是误差信号在瞄准轴上的斜率。它们直接同天线的和波束增益、差波束斜率和差波束增益有关。

单脉冲天线也是一种天线,一般天线的主要性能参数,例如阻抗带宽、方向图以及增益等,也同样适用于描述单脉冲天线的性能。

现在介绍单脉冲天线所特有的电参数[168-169]。

(1)差波瓣的相对斜率与绝对斜率。归一化差波瓣在中央零值点附近的斜率被定义为差波瓣的相对斜率。它是决定角误差信号大小的一个重要参数。在偏离轴线角度相同的情况下,相对斜率越大,产生的误差信号就越大,因此角跟踪灵敏度就越高,同时,差波瓣宽度越窄,相对斜率也越大。

当目标偏离天线轴线时,误差信号的大小不仅与差波瓣的相对斜率成正比,而且与差增益的二次方根成正比,因此,把差波瓣的相对斜率与差增益的二次方根的乘积定义为差波瓣的绝对斜率。绝对斜率越大,表示天线的角跟踪灵敏度越高。

(2)零值深度。当天线轴正对目标时,无误差信号输出。实际上,由于各种原因,差波瓣在天线轴线上并不为零,而是有一定的场强值。此值与和波束的最大场强值之比,称为零值深度。天线的零值越深,则差波束的斜率越大。

5.4 单脉冲天线系统方向图特性分析

单脉冲天线是一类能够同时提供多个波束,并利用单个脉冲回波信号形成测距和测角所需的和、差信号的天线。作为单脉冲雷达系统的最前端,单脉冲天线的性能对雷达系统探测距离和测角精度具有决定性意义。对于单脉冲天线系统而言,方向图特性决定着工作性能的好坏,本节将对影响单脉冲天线方向图特性的因素进行研究。

图 5 - 6 所示为 $2M$ 个天线单元组成的对称等距直线阵列。对各个天线

单元进行等幅同相激励来产生和波束,对以轴线为中心的两侧单元进行等幅反相激励来产生差波束。

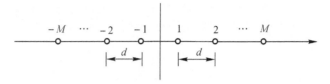

图 5-6　对称等距直线阵列

直线阵列的和方向图与差方向图分别表示为

$$S_S(u) = 2\sum_{n=1}^{M} I_n \cos\left(\frac{2n-1}{2}u\right), \quad u = kd\cos\theta \qquad (5-1)$$

$$S_D(u) = -2j\sum_{n=1}^{M} I_n \sin\left(\frac{2n-1}{2}u\right), \quad u = kd\cos\theta \qquad (5-2)$$

当对各单元的激励幅度相等,即 $I_n = I$ 时,式(5-1)和式(5-2)可改写为

$$S_S(u) = 2\sum_{n=1}^{M} I_n \cos\left(\frac{2n-1}{2}u\right) = \frac{\sin(Mu)}{\sin\dfrac{u}{2}} \qquad (5-3)$$

$$S_D(u) = -2j\sum_{n=1}^{M} I_n \sin\left(\frac{2n-1}{2}u\right) = -2j\frac{\sin^2\left(\dfrac{Mu}{2}\right)}{\sin\dfrac{u}{2}} \qquad (5-4)$$

式中,d 为天线单元的间距。图 5-7 为当 $M=5$,$d=\lambda/2$ 时,等幅同相和等幅反相激励时,由式(5-3)和式(5-4)得到的和方向图和差方向图。

由图 5-7 可得,理想条件下,天线阵具有完全对称的和、差方向图,且零深无穷小。实际中,不同的环境因素会使馈电网络的输出幅度和相位与理想值产生偏差,使馈电信号不一致,从而影响系统方向图特性。现在以图 5-8 中的二元阵为例,就阵元间距 d,对网络提供信号的幅相不一致性如何影响天线和、差方向图特性进行探讨。

假设如图 5-8 所示的天线单元到观测点 P 的距离分别为 r_1 和 r_2,当点 P 与天线单元之间的距离很远时,近似认为 r_1 和 r_2 平行,此时点 P 处的场强为两个天线单元在该点处场强的叠加。对于距离 r_1 和 r_2,可以认为 $r_1 = r_2$,但是在计算点 P 处的场强时需要考虑路径差所导致的相位差,即 $r_2 = r_1 - d\cos\varphi$[170-171]。又假设两个天线单元电流大小的比 $I_2/I_1 = K$,且电流 I_2 比电流 I_1 的相位超前 β。此时,$I_2 = KI_1e^{j\beta}$,到达点 P 处,天线 2 的辐射较天线 1 超前

的相位为

$$\psi = kd\cos\varphi + \beta \qquad (5-5)$$

式中，$kd\cos\varphi$ 是因天线位置不同所引起的相位差，β 是因电流相位不同所引起的相位差，φ 为 x 轴（两个天线单元形成的轴线）与天线单元和点 P 连线形成的夹角。

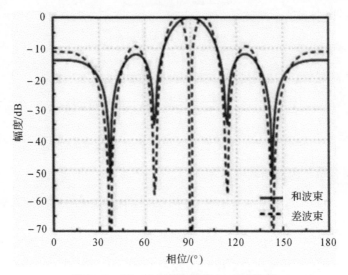

图 5-7 $M=5$ 时等幅线阵和、差方向图

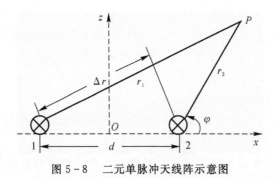

图 5-8 二元单脉冲天线阵示意图

假设天线 1 在点 P 处的场强为 E_1，则天线 2 在点 P 处的场强为 $KE_0\mathrm{e}^{\mathrm{j}\psi}$。将这两个场强进行矢量叠加，可得

$$E = E_0 + E_1 = E_0(1 + K\mathrm{e}^{\mathrm{j}\psi}) \qquad (5-6)$$

则天线的阵因子为

$$f_1(\psi) = \sqrt{(1 + K\cos\psi)^2 + K^2\sin^2\psi} \qquad (5-7)$$

将式(5-5)代入式(5-7),得

$$F(\varphi) = \sqrt{(1 + K\cos(kd\cos\varphi + \beta))^2 + K^2\sin^2(kd\cos\varphi + \beta)} \qquad (5-8)$$

现在依据式(5-8)分别就 K,β 和 d 对和、差方向图的影响展开讨论。图 5-9~图 5-11 分别为 K,β 和 d 值变化时的方向图。天线单元采用传统贴片天线单元的 E 面方向图,其中基准参数为 $K=1$,$\beta=0°(180°)$,$d=\lambda/2$。

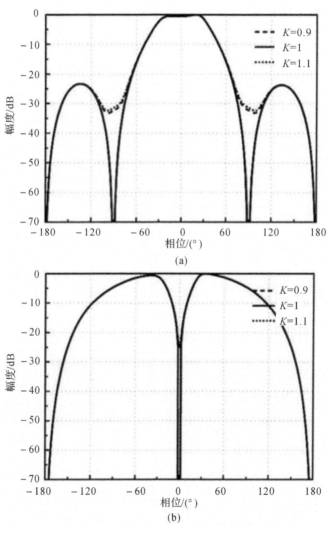

图 5-9　K 对方向图特性的影响

(a)和方向图；　(b)差方向图

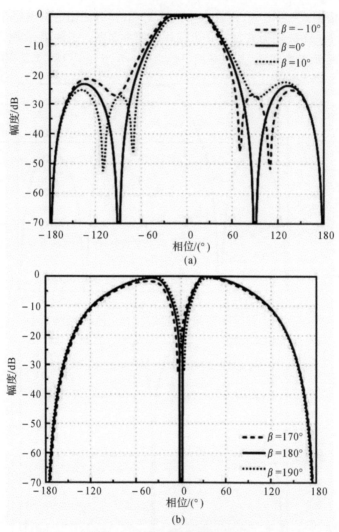

图 5 - 10 β 对方向图特性的影响

(a)和方向图; (b)差方向图

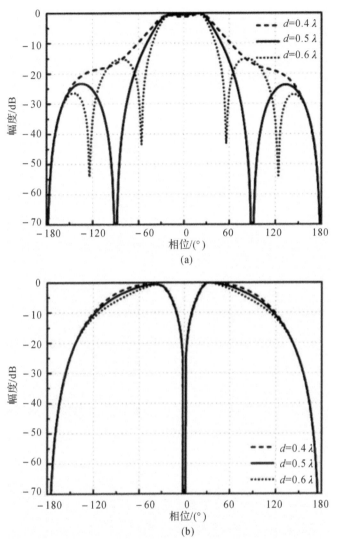

图 5-11　d 对方向图特性的影响

(a)和方向图；　(b)差方向图

　　根据上述结果可知：①K 对和方向图与差方向图对称性的影响都较小，但是对和方向图副瓣零点有比较大的影响，在 K 不等于 1 时，副瓣的零点变浅；对差方向图，当 K 不等于 1 时，零深较 K 等于 1 时浅得多。②β 对和方向图副瓣有较大的影响，尤其是对方向图对称性的影响比较大，这会导致天线电轴发生偏移；对差方向图的零深和对称性也都产生了影响，使零深位置发生偏移，因此 β 对天线方向图的影响是比较大的。③二元阵和、差方向图波束宽度均随 d 增大而变窄；且 d 对天线零深影响较大。

5.5 IDC 加载的 SCRLH - TL 设计与分析

2006 年，东南大学 X.-Q. Lin 等人提出了 SCRLH - TL 结构，拓展了左右手传输线理论。西安电子科技大学的龚建强博士提出了一种可在宽带甚至超宽带实现阻抗匹配特性的 SCRLH - TL，并采用高低阻抗线实现 L_R 和 C_R，用短截线实现 L_L，设计了微带结构的 SCRLH - TL。在该传输线的基础上，在高低阻抗线的低阻抗线部分引入交指结构，设计了新型 SCRLH - TL。

5.5.1 结构及其等效电路

图 5 - 12 所示为提出的 IDC 加载的 SCRLH - TL 结构。图 5 - 13 所示为新型 SCRLH - TL 结构的等效电路，其中 L_R 为高低阻抗线呈现的电感效应，C_R 主要包括交指结构的电容和传输线的对地电容两部分，L_L 为接地短路枝节的等效。该传输线通过特性阻抗为 Z_0、电长度为 θ 的微带线进行馈电。该部分微带线还可以用于相位的调节。需要说明的是，在传输线的等效电路中忽略了寄生元件。

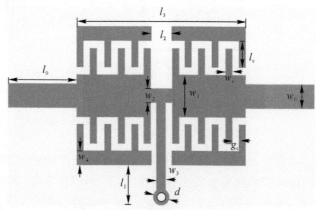

图 5 - 12　新型 SCRLH - TL 结构

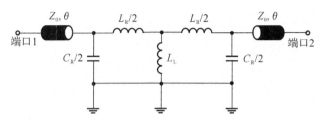

图 5-13　新型 SCRLH-TL 结构的等效电路

5.5.2　SCRLH-TL 特性分析

根据文献[46]可知,当单元结构的电长度小于等于四分之一波长,即电长度 $\beta p < \dfrac{\pi}{2}$ 时,可以认为图 5-13 所示的传输线是均匀的。此时,该传输线可以采用 Bloch-Floquet 理论进行分析。根据分析,可以得到如下色散关系和特性阻抗[172]:

$$\beta p = \arccos\left(1 + Z(\omega) \cdot \frac{Y(\omega)}{2}\right) \tag{5-9}$$

$$Z_{\mathrm{C}}(\omega) = \frac{1}{\sqrt{Y(\omega) \cdot \left(\dfrac{1}{Z(\omega)} + \dfrac{Y(\omega)}{4}\right)}} \tag{5-10}$$

$$Z(\omega) = \mathrm{j}\omega\left(\frac{L_{\mathrm{R}}^{2}}{4L_{\mathrm{L}}} + L_{\mathrm{R}}\right), \quad Y(\omega) = \mathrm{j}\omega C_{\mathrm{R}} + \frac{2}{\mathrm{j}\omega\left(\dfrac{L_{\mathrm{R}}}{2} + 2L_{\mathrm{L}}\right)} \tag{5-11}$$

式中,β 为相位常数;p 为传输线的物理尺寸;$Z_{\mathrm{C}}(\omega)$ 为传输线的特性阻抗;ω 为传输线的工作频率;$Z(\omega)$ 为串联阻抗;$Y(\omega)$ 为并联导纳。

联立式(5-9)～式(5-11)并令 $\beta p = 0$ 和 $\beta p = \pi$,分别可得

$$\omega = \omega_1 = \frac{1}{\sqrt{\left(L_{\mathrm{L}} + \dfrac{L_{\mathrm{R}}}{4}\right)C_{\mathrm{R}}}} \tag{5-12}$$

$$\omega = \omega_2 = \omega_1\sqrt{1 + \frac{4L_{\mathrm{L}}}{L_{\mathrm{R}}}} \tag{5-13}$$

式中,ω_1 和 ω_2 分别为传输线工作带宽的最低频点和最高频点,传输线工作的中心频率为 $\omega_0 = 0.5(\omega_1 + \omega_2)$。基于式(5-12)和式(5-13)可得 L_{L} 和 C_{R} 的表达式为

$$L_{\mathrm{L}} = \frac{\omega_2^2 - \omega_1^2}{4\omega_1^2} \cdot L_{\mathrm{R}} \tag{5-14}$$

$$C_R = \frac{4}{\omega_2^2} \cdot \frac{1}{L_R} \qquad (5-15)$$

若在 ω_1 和 ω_2 确定的频带范围内,传输线的特性阻抗 $Z_C(\omega)$ 与端口的输入阻抗 Z_0 一致,则可认为传输线在通带内阻抗匹配良好,通常确定 $Z_0 = 50\ \Omega$。此时将式(5-11)、式(5-14)和式(5-15)代入式(5-10)可得到 L_R,再将 L_R 代入式(5-14)和式(5-15)即可得到 L_L 和 C_R。图5-13的集总模型的相位为

$$\Phi_1 = 2\theta\frac{\omega}{\omega_0} - \arctan\left(\frac{\omega\sqrt{L_R C_R}(L_R + 2L_L - \omega^2 L_R C_R L_L)}{L_R + L_L - \omega^2 L_R C_R L_L}\right) \quad (5-16)$$

由式(5-16)可以看出,所提出的传输线的相位具有非线性特性,可以用于宽带器件的设计。若取 ω_1 和 ω_2 分别为 3.1 GHz 和 10.6 GHz,则经过计算可知,$L_R = 0.94\text{nH}$,$L_L = 2.67\text{nH}$,$C_R = 0.95\text{pF}$。此时,SCRLH-TL 的特性曲线如图5-14所示。由图5-14(a)可以看出,在 $3.1 \sim 10.6$ GHz频率范围内,衰减常数为0,而移相常数为实数,故在该频带范围内呈现通带。在该频带范围以外,衰减常数不为0,移相常数则为实数,此时电磁波在传输线中不能传播。综上所述,所设计的传输线具有非线性的相位特性。此外,由图5-14(b)可以看出,该传输线在通带范围的特性阻抗约为 $50\ \Omega$,与分析基本一致。

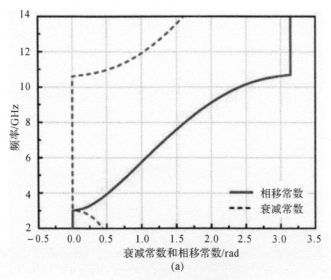

图 5-14　SCRLH-TL 特性曲线
(a)衰减特性和相移特性;

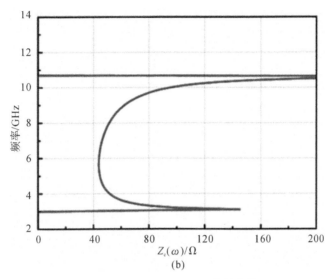

续图 5 - 14　SCRLH - TL 特性曲线

(b)阻抗特性

5.5.3　基于 SCRLH - TL 的超宽带移相器设计

采用所提出的传输线与传统微带线设计带宽为 3.1~10.6 GHz 的 45°移相器。假设传统微带线的电长度为 θ_r,其相位为

$$\Phi_2 = \theta_\mathrm{r} \times \frac{\omega}{\omega_0} \qquad (5-17)$$

则两传输线的相位差为

$$\Delta\Phi = \Phi_2 - \Phi_1 = \theta_\mathrm{r}\frac{\omega}{\omega_0} - 2\theta\frac{\omega}{\omega_0} + \arctan\left(\frac{\omega\sqrt{L_\mathrm{R}C_\mathrm{R}}(L_\mathrm{R}+2L_\mathrm{L}-\omega^2 L_\mathrm{R}C_\mathrm{R}L_\mathrm{L})}{L_\mathrm{R}+L_\mathrm{L}-\omega^2 L_\mathrm{R}C_\mathrm{R}L_\mathrm{L}}\right)$$

$$(5-18)$$

经过计算可得到 $L_\mathrm{R}=1\mathrm{nH}, L_\mathrm{L}=2.67\mathrm{nH}, C_\mathrm{R}=0.95\mathrm{pF}, \theta=\pi/3, \theta_\mathrm{r}=\pi$。图 5 - 15 给出了电路模型的相位仿真结果。从图中可以看出,通过所得电路参数计算得到的 SCRLH - TL 和传统微带线的相位曲线具有基本一致的斜率,在 2.14~10.69 GHz 频带范围内,两者的相位差为 45°±5°。该电路参数下的移相器基本能满足要求。

通过对传输线的优化仿真可得如下结构参数:$w_0=1.15$ mm,$l_0=7$ mm,$w_1=1.55$ mm,$l_1=2.18$ mm,$w_2=0.9$ mm,$l_2=0.8$ mm,$w_3=0.4$ mm,$l_3=$

$7.6~\mathrm{mm}, w_4 = 0.6~\mathrm{mm}, w_c = 0.4~\mathrm{mm}, l_c = 0.8~\mathrm{mm}, g_c = 0.2~\mathrm{mm}, d = 0.6$
mm。金属化过孔的半径为 0.15 mm,传统微带线的长度为 28 mm。采用相
对介电常数 $\varepsilon_r = 3.38$,厚度 $h = 0.5~\mathrm{mm}$,损耗角正切 $\tan\delta = 0.001$ 的介质板。
超宽带 45°移相器的实物如图 5-16 所示。

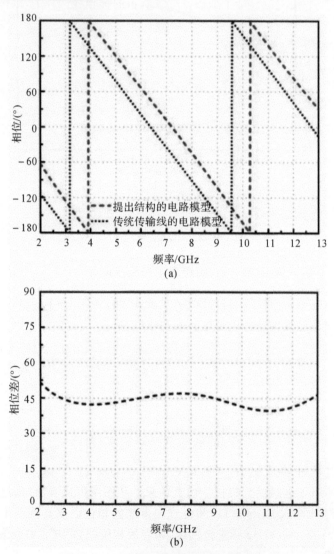

图 5-15　基于等效电路的相位特性仿真

(a)相位；　(b)相位差

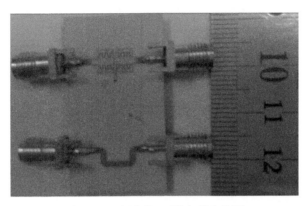

图 5 - 16 超宽带 45°移相器实物图

图 5 - 17(a)所示为所设计超宽带 45°移相器的 S 参数测试结果。所设计的超宽带 45°移相器在 2.77~11.55 GHz 频率范围内反射系数小于 -10 dB，最大插入损耗为 1.4 dB。图 5 - 17(b)所示为所设计超宽带 45°移相器的相位差测试结果。所设计的超宽带移相器在 3~10.63 GHz 的相位差为 45°±5°。考虑 S 参数和相位差，所设计的移相器的带宽为 3~10.63 GHz，覆盖了 3.1~10.6 GHz 的频率范围。但是其相位不平衡度较大，在相位要求较高的场合难以应用。

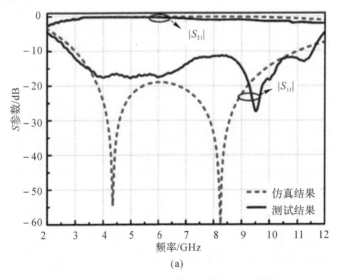

(a)

图 5 - 17 超宽带 45°移相器仿真测试结果

(a)S 参数；

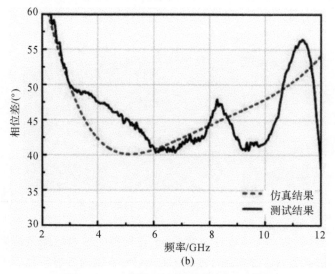

续图 5-17 超宽带 45°移相器仿真测试结果

(b)相位差

5.6 和差网络关键器件设计

图 5-18 为和差网络结构图。该结构是一个八端口网络,由 4 个 3 dB 定向耦合器和 4 个 90°移相线以及 4 个比较线组成。当四路信号(A,B,C,D)分别从端口 1~4 进行馈电时,通过电路运算可以得到端口 5~端口 8 分别有 1 路和信号和 3 路差信号,即端口 5 输出和信号 A+B+C+D,端口 6~8 分别输出差信号(A+B)-(C+D),(A+D)-(B+C)以及(A+C)-(B+D)。由于端口 8 输出的信号为 1 个对角差信号,没有实际的应用价值,通常不被采用,因而会通过匹配负载进行吸收。端口 6 和端口 7 的输出信号则分别是俯仰差信号和方位差信号。

5.6.1 超宽带耦合器设计

耦合器能够实现功率的分配及合成,是一类十分重要的无源器件。如何实现宽带高性能耦合器是工程设计中的一个难点。截至目前,有许多方法被用于宽带耦合器的设计。多节阶梯阻抗形式的传输线可以用于设计宽带平行线定向耦合器[173]。但是,多节结构的采用不利于器件的小型化。分支线耦合器的多级级联也可用于实现宽带特性[174]，但是，与采用多节阶梯阻抗形式的传输线类似，其也具有尺寸较大的缺点。兰格(Lange)耦合器具有带宽宽、隔离度好、易于与其他微波电路集成等优点。但是，其中桥接线和较窄微带线的使用对加工工艺提出了很高的要求[175]。宽缝耦合器不仅能够实现宽带甚至是超宽带特性，而且具有结构简单、制作方便等优点，常被用于工程设计中。在利用缝隙耦合结构设计超宽带耦合器时，缝隙结构的尺寸是决定耦合器工作带宽的关键。文献[176]将文献[177]中缝隙的尺寸变大，设计了超宽带耦合器，其工作带宽达到了 120%。文献[178]采用椭圆微带结构和大尺寸的椭圆缝隙设计了频带覆盖 3.1~10.6 GHz 的超宽带耦合器。为了进一步改善耦合器的性能，文献[179]采用三节矩形耦合结构设计了超宽带耦合器。

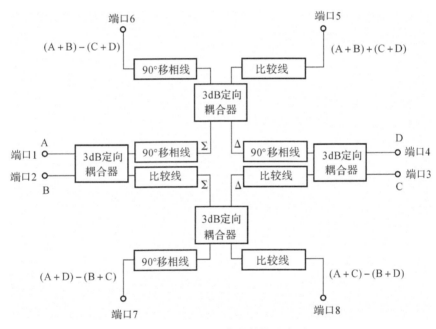

图 5-18　和差网络的结构示意图

图 5-19 所示为宽缝耦合结构的侧视图及其在奇模和偶模工作时微带部分与存在缝隙的地面之间的场分布。当采用奇模进行激励时，缝隙等效为理想电导体，此时该结构相当于特性阻抗为奇模阻抗的传统微带线；当采用偶模进行激励时，缝隙等效为理想磁导体，由于磁导体会形成一个迫使电场不再垂直分布的平面，此时电力线不再垂直于微带结构表面。在设计中，微带线的特性阻抗是由奇模阻抗决定的。

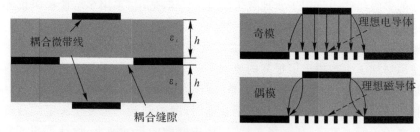

图 5 - 19　宽缝耦合结构的工作原理图

　　在基于微带结构的宽缝耦合器的设计中,需要考虑以下两个方面的问题:一是如何获取所需耦合能量比例要求的耦合系数;二是如何使耦合器的奇模和偶模在宽频范围内具有相同的相速。耦合器的奇模特性阻抗 $Z_{o,0}$ 和偶模特性阻抗 $Z_{e,0}$ 的表达式为[180]

$$
\left.
\begin{aligned}
Z_{o,0} &= Z_0\left(\frac{1+C}{1-C}\right)^{0.5}\\
Z_{e,0} &= Z_0\left(\frac{1-C}{1+C}\right)^{0.5}\\
C &= 10^{-\frac{C_{dB}}{20}}
\end{aligned}
\right\}
\tag{5-19}
$$

式中,Z_0 为馈电微带线的特性阻抗,C 为耦合系数,C_{dB} 为耦合度。通常,Z_0 选择为 50 Ω。从式(5-19)可以看出,在耦合器的设计中确定耦合系数 C 是关键。

　　对于一个 N 节耦合器,其耦合系数 C 为

$$
C = j\sin\theta e^{-j\theta}\left[C_1 + C_2 e^{-j2\theta} + \cdots + C_N e^{-j2(N-1)\theta}\right]
\tag{5-20}
$$

为了设计方便,一般选择对称结构,即 $C_1 = C_N, C_2 = C_{N-1}, \cdots$,故式(5-20)改写为

$$
C = 2j\sin\theta e^{-jN\theta}\left[C_1\cos(N-1)\theta + C_2\cos(N-3)\theta + \cdots + \frac{1}{2}C_M\right]
\tag{5-21}
$$

式中,$M = (N+1)/2$,θ 为耦合器每一节的电长度,其长度为 $0.25\lambda_g$(λ_g 是中心频率处的波导波长)。为了使多节耦合器在通带内具有平坦的幅频和相频响应,需要满足

$$
\frac{d^n}{d\theta^n}C(\theta)\Big|_{\theta=\frac{\pi}{2}} = 0, \quad n = 1, 2, \cdots, N-1
\tag{5-22}
$$

由式(5-20)可得三节定向耦合器的耦合系数 C 的计算表达式为

$$C = C_1 \sin3\theta + (C_2 - C_1)\sin\theta \qquad (5-23)$$

由式(5-23)可得,耦合系数 C 在 f_0 处的一阶和二阶导数分别为

$$
\left.
\begin{aligned}
\frac{\mathrm{d}C}{\mathrm{d}\theta}\Big|_{\theta=\frac{\pi}{2}} &= 3C_1\cos3\theta + (C_2 - C_1)\cos\theta\Big|_{\theta=\frac{\pi}{2}} = 0 \\
\frac{\mathrm{d}^2 C}{\mathrm{d}\theta^2}\Big|_{\theta=\frac{\pi}{2}} &= \left[1 - 9C_1\sin3\theta - (C_2 - C_1)\cos\theta\right]\Big|_{\theta=\frac{\pi}{2}} = 10C_1 - C_2 = 0
\end{aligned}
\right\}
$$
$$(5-24)$$

对于一个 3 dB 定向耦合器而言,C_{dB} 的值为 3,则其耦合系数为

$$C = C_2 - 2C_1 = 10^{-3/20} = 0.707 \qquad (5-25)$$

联立式(5-24)和式(5-25)并求解得到 $C_1 = 0.088\,375$,$C_2 = 0.883\,75$,即第一节和第三节的耦合系数为 0.088 375,第二节的耦合系数为 0.883 75,由此可得

$$
\left.
\begin{aligned}
Z_{\mathrm{o},01} = Z_{\mathrm{o},03} &= 50\ \Omega \times \left(\frac{1 + 0.088\,375}{1 - 0.088\,375}\right)^{0.5} \approx 54.63\ \Omega \\
Z_{\mathrm{e},01} = Z_{\mathrm{e},03} &= 50\ \Omega \times \left(\frac{1 - 0.088\,375}{1 + 0.088\,375}\right)^{0.5} \approx 45.76\ \Omega \\
Z_{\mathrm{o},02} &= 50\ \Omega \times \left(\frac{1 + 0.883\,75}{1 - 0.883\,75}\right)^{0.5} \approx 201.27\ \Omega \\
Z_{\mathrm{o},02} &= 50\ \Omega \times \left(\frac{1 - 0.883\,75}{1 + 0.883\,75}\right)^{0.5} \approx 12.42\ \Omega \\
Z_0 &= 50\ \Omega
\end{aligned}
\right\}
$$
$$(5-26)$$

在设计满足系统要求的单个器件时,通常会选择较系统更宽的带宽。为了在保证低插入损耗、低幅度和相位差的前提下实现频带的进一步展宽,本节采用新型三节耦合结构设计宽缝耦合器。其中,主耦合部分采用"花瓣"状耦合结构,两边则采用矩形耦合结构,其结构如图 5-20 所示。采用相对介电常数 $\varepsilon_{\mathrm{r}} = 2.65$,厚度 $h = 0.5$ mm,损耗角正切 $\tan\delta = 0.001$ 的介质板。利用上述设计原理,通过仿真优化,得到新型三节耦合器的结构尺寸为:$w_0 = 1.4$ mm,$w_1 = 1.9$ mm,$l_1 = 5.3$ mm,$w_2 = 1.5$ mm,$l_2 = 5.3$ mm,$d_{11} = 8$ mm,$d_{12} = 4.8$ mm,$d_{21} = 7.2$ mm,$d_{22} = 4.8$ mm,$d_{31} = 8$ mm,$d_{32} = 8$ mm,$d_{41} = 14.4$ mm,$d_{42} = 6$ mm。

超宽带耦合器的仿真结果如图 5-21 所示。从图 5-21(a)的 S 参数仿真结果可以看出,在 3~12 GHz 频段范围内,输入端口的反射系数、端口 1 和端口 4 之间的隔离系数均小于 -17.5 dB;从图 5-21(b)的幅度和相位不平衡度

的仿真结果可以看出,在 3~12 GHz 范围内,幅度不平衡度小于 0.6 dB,相位不平衡度(相位差与 90°比较)小于 2.2°。

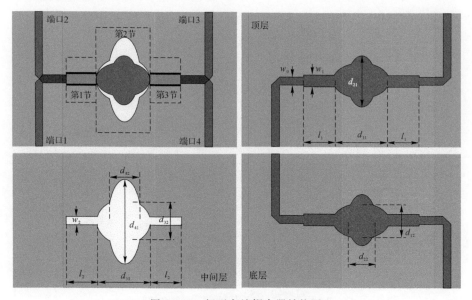

图 5-20　新型宽缝耦合器结构图

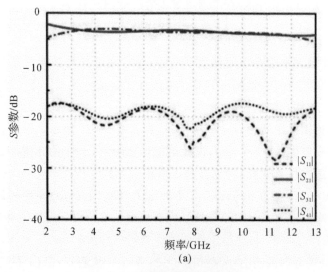

(a)

图 5-21　宽缝耦合器仿真结果

(a)S 参数;

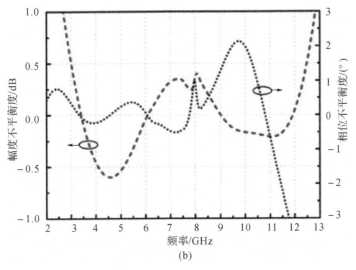

续图 5 - 21　宽缝耦合器仿真结果

(b)幅相不平衡度

　　为了验证仿真分析的正确性,对所设计的超宽带耦合器进行了加工和测试。图 5 - 22 为超宽带耦合器加工实物图。耦合器的测试结果如图 5 - 23 所示。从图 5 - 23(a)可以看出,在 3～12 GHz 频段范围内,输入端口的反射系数小于−13 dB,端口 1 与端口 4 之间的隔离系数小于−15 dB。从图 5 - 23(b)所示的幅相不平衡度的测试曲线可以看出,在 3～12 GHz 频段内,幅度不平衡度小于 1.35 dB,相位不平衡度小于 3°。综上所述,耦合器在 3～12 GHz 频带范围内具有良好的传输特性,隔离特性和幅度、相位不平衡度,验证了仿真的正确性。

(a)　　　　　　　　　　　(b)　　　　　　　　　　(c)

图 5 - 22　宽缝耦合器加工实物图

(a)正面;　(b)反面;　(c)组装

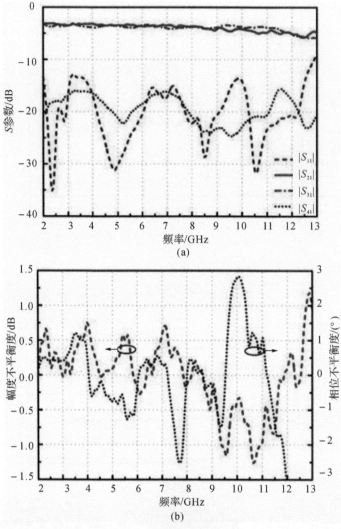

图 5 - 23　宽缝耦合器测试结果

(a)S 参数；　(b)幅相不平衡度

5.6.2　基于新型 SCRLH - TL 的高性能 45°差分移相器

　　所提出的 90°差分移相器是由两个 45°差分移相器级联而形成的,所以首先需要设计一个相位特性良好的 45°差分移相器。由于 5.5.3 小节中的超宽带移相器的相位不平衡度较大,为了设计高性能和差馈电网络,需要采用相位不平衡度较小的移相器。在保证 3.1～10.6 GHz 频带的前提下减小相位不平衡度是比较困难的,这里采用牺牲部分带宽的方法来实现相位不平衡度的减小。采用 SCRLH - TL 相位的非线性特性设计的宽带为 45°的移相器结构如图5 - 24所示。采用介电常数 $\varepsilon_r = 2.65$,厚度 $h = 0.5$ mm,损耗角正切 $\tan\delta = 0.001$ 的介质板。SCRLH - TL 的结构参数为:$w_0 = 1.4$ mm,$l_0 = 5.8$ mm,$w_1 = 1.8$ mm,$l_1 = 1.3$ mm,$w_2 = 0.2$ mm,$l_2 = 0.7$ mm,$w_3 = 0.4$ mm,$l_3 = 4.3$ mm,$w_4 = 0.6$ mm,$w_c = 0.2$ mm,$l_c = 1.7$ mm,$g_c = 0.2$ mm,$d = 0.6$ mm,金属化过孔的半径为 0.15 mm,传统微带线的长度为 25 mm。图 5 - 25 为所设计的 45°移相器幅度和相位仿真结果。由图 5 - 25 (a)的仿真结果可知,45°移相器在 3.1～10 GHz 的频带范围内的反射系数小于 -10 dB;3.1～10 GHz 的频带范围内其最大插入损耗为 0.5 dB。由图 5 - 25(b)的仿真结果可知,在 3.5～10 GHz 的频带范围移相器的相位差为 45°± 1.9°。综上所述,所设计的移相器在 3.5～10 GHz 的频带范围内,具有较好的通带特性和相位特性,能够满足和差网络的 45°移相要求。

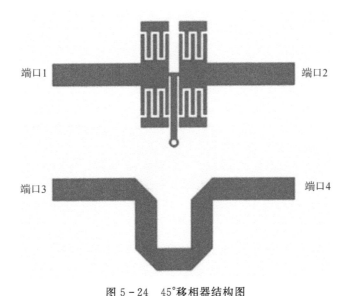

图 5 - 24　45°移相器结构图

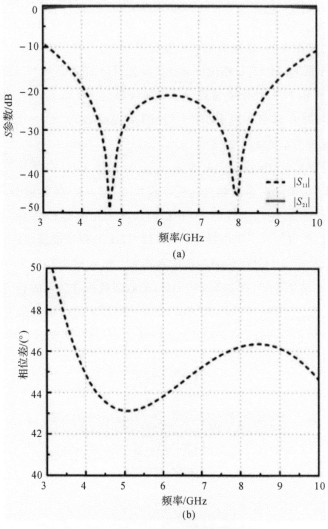

图 5-25　45°移相器仿真结果

(a)幅度；　(b)相位差

5.6.3　基于新型 SCRLH-TL 的高性能 90°差分移相器

采用新型 SCRLH-TL 相位的非线性特性设计宽带为 90°的移相器，结构如图 5-26 所示。传输线两端的 50 Ω 微带线的长度为 5.8 mm，SCRLH-TL 单元之间的传输线长度为 5.2 mm，传统微带线的长度为 40.7 mm。图

5-27为所设计的90°移相器幅度和相位差仿真结果。由图 5-27(a)的仿真结果可知,90°移相器在 3.5~10 GHz 的频带范围内的反射系数小于-10 dB,最大插入损耗为 0.5 dB。由图 5-27(b)的仿真结果可知,在 3.9~10 GHz 的频带内,移相器的相位差为 90°±3°。综上所述,所设计的移相器在 3.9~10 GHz 的频带范围内,具有较好的通带特性和相位特性,能够满足和差网络的90°移相需求。

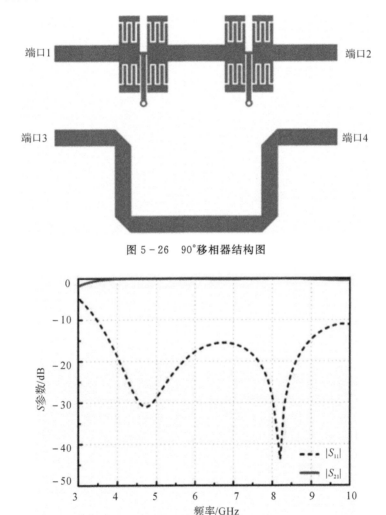

图 5-26　90°移相器结构图

图 5-27　90°移相器仿真结果

(a)幅度；

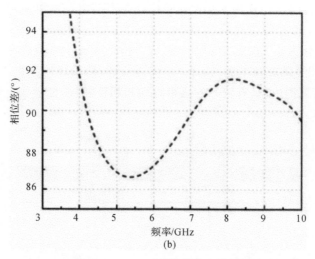

续图 5-27　90°移相器仿真结果
(b)相位差

5.6.4　宽带和差网络集成

采用所设计的关键器件,按照馈电网络结构示意图的布局集成和差网络,图 5-28 是和差网络实物图。该网络是采用背靠背的方法将两层介质板组装到一起的。其中,图 5-28(a)为介质板 1 的正面;图 5-28(b)为介质板 1 的背面;图 5-28(c)为介质板 2 的正面;图 5-28(d)为介质板 2 的背面。信号分别从端口 5~7(和端口、俯仰差端口、方位差端口)分别馈入时,对端口 1~4 的输出进行测试。

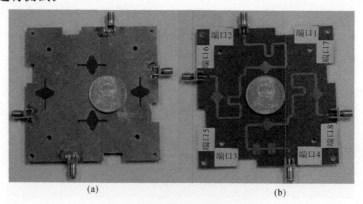

图 5-28　和差网络实物图
(a)介质板 1 正面;　(b)介质板 1 背面;

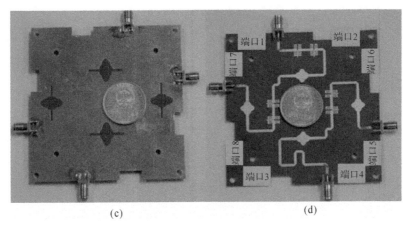

(c)　　　　　　　　　　　(d)

续图 5-28　和差网络实物图

(c)介质板 2 正面；　(d)介质板 2 背面

图 5-29 为和差网络各端口驻波比的测试曲线。从图中可以看出,在 3.7~9.3 GHz 频率范围,输入端口的电压驻波比小于 1.8;在 3.7~9.6 GHz 频率范围,输出端口的电压驻波比小于 1.8。因此,所设计网络在宽频带范围匹配良好。

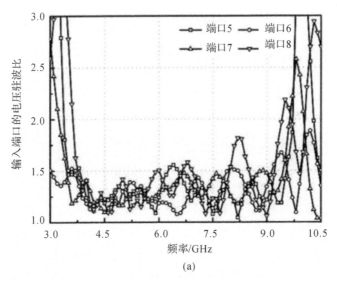

(a)

图 5-29　和差网络电压驻波比

(a)输入端口；

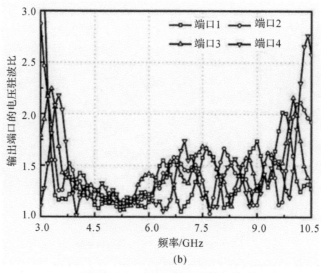

续图 5 - 29　和差网络电压驻波比
(b)输出端口

　　和差网络传输特性的测试曲线如图 5 - 30 所示。图 5 - 30(a)(b)所示分别为和端口(端口 5)输入时,输出端口(端口 1～4)的传输系数和输出端口相位差的测试曲线。由传输系数的测试曲线可知,其 3 dB 带宽为 3.3～9.5 GHz,且随着频率的增大,插入损耗也逐渐增大。由相位差测试曲线可知,和端口输入时,各端口的相位差在±5°范围内。上述结果表明,和端口输入时,输出端口的幅度和相位是基本一致的。

　　俯仰差端口馈电时的传输特性测试曲线如图 5 - 31 所示。图 5 - 31(a)(b)所示分别为俯仰差端口(端口 6)输入时,输出端口(端口 1～4)的传输系数和输出端口相位差的测试曲线。由传输系数的测试曲线可知,其 3 dB 带宽为 3.3～9.5 GHz,且插入损耗随频率的增大也是逐渐增大的。由相位差测试曲线可知,俯仰差端口输入时,在 3.4～10.1 GHz 频率范围内,端口 2 与端口 1 的相位差为 0°±6°;在 3.7～9.6 GHz 频率范围内,端口 3 与端口 1 的相位差为 180°±6°;在 3.5～9.5 GHz 频率范围内,端口 4 与端口 1 的相位差为 180°±6°。上述结果表明,俯仰差端口输入时,端口 1 和端口 2 等幅同相,端口 3 和端口 4 等幅同相,端口 1、端口 2 和端口 3、端口 4 等幅反相。

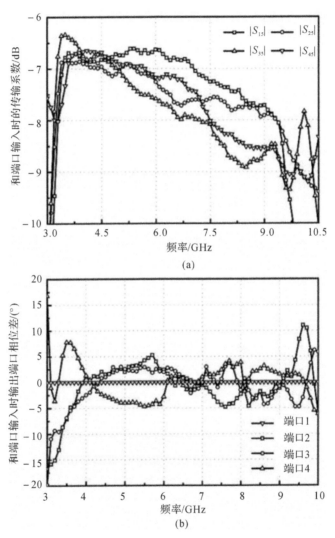

图 5-30　和差网络和端口输入时的传输特性

(a)传输系数；　(b)相位差

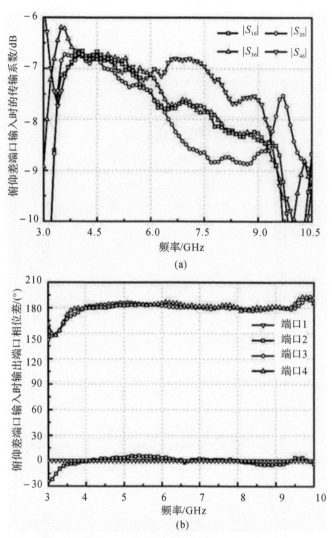

图 5 - 31　和差网络俯仰差端口输入时的传输特性
(a)传输系数；　(b)相位差

　　方位差端口馈电时的传输特性测试曲线如图 5 - 32 所示。图 5 - 32(a)、
(b)所示分别为方位差端口(端口 7)输入时,输出端口(端口 1~4)的传输系数
和输出端口相位差的测试曲线。由传输系数的测试曲线可知,其 3 dB 带宽为
3.3~9.5 GHz,且插入损耗随频率的增大也是逐渐增大的。由相位差测试曲

线可知,方位差端口输入时,在 3.6～9.4 GHz 频率范围内,端口 2 与端口 1
的相位差为 180°±6°;在 3.5～10.6 GHz 频率范围内,端口 3 与端口 1 的相位
差为 180°±6°;在 3.7～9.6 GHz 频率范围内,端口 4 与端口 1 的相位差为
0°±6°。上述结果表明,俯仰差端口输入时,端口 1 和端口 4 等幅同相,端口 2
和端口 3 等幅同相,端口 1、端口 4 和端口 2、端口 3 等幅反相。

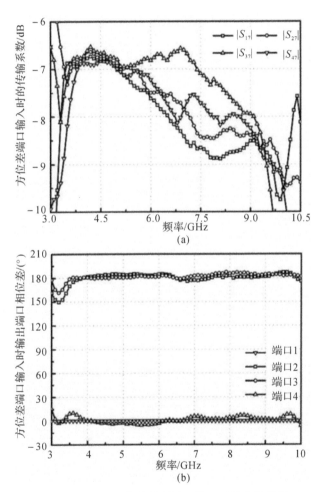

图 5 - 32　和差网络方位差端口输入时的传输特性

(a)传输系数;　(b)相位差

　　网络输入端口之间的隔离系数和输出端口之间的隔离系数测试曲线如图

5-33 所示。由图 5-33(a)可知,在 3.6~9.5 GHz 频率范围内,输入端口的隔离系数小于 -15 dB;由图 5-33(b)可知,在 3.6~10.5 GHz 频率范围内,输出端口的隔离系数小于 -15 dB。

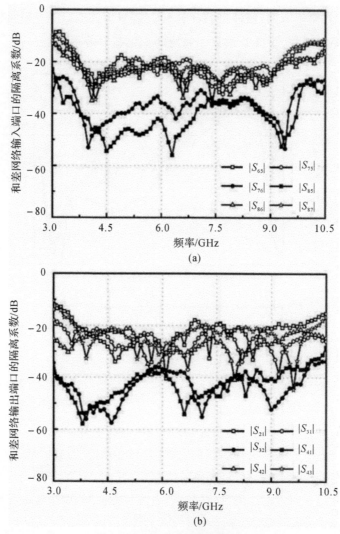

图 5-33 和、差网络隔离特性

(a)输入端口; (b)输出端口

5.7　宽带单脉冲天线系统的集成与测试

5.7.1　Vivaldi 天线设计

Vivaldi 天线是由 Gibson 在 1979 年提出的,它是一类非频变天线,在很宽的频带内,具有良好的定向辐射特性、稳定的输入阻抗、较低的交叉极化电平以及较宽的波束,且该天线具有结构简单、成本低、易于集成等优点[181]。本章采用文献[182]提出的超宽带 Vivaldi 天线 E 面二元阵来设计单脉冲天线系统。图 5-34 给出了 E 面二元阵的设计流程图。其中,图 5-34(a)为天线单元,图 5-34(b)是将天线单元的辐射臂相连形成的二元阵天线,图 5-34(c)是将相互连接形成的辐射臂缩短形成的二元阵。采用相对介电常数 $\varepsilon_r=2.65$,厚度 $h=0.5$ mm,损耗角正切 $\tan\delta=0.001$ 的介质板。与图 5-34(b)所示天线 E 面二元阵相比,图 5-34(c)所示的改进结构不仅能够有效降低高频处和辐射的栅瓣电平,而且能够避免高频差辐射前向出现的多零点现象,实现了性能的改善[9]。其中图 5-34(c)所示的指数渐变线的表达式为

$$\left.\begin{array}{ll} E_{s1}:y=\dfrac{1}{2}\left[W-g\exp\left(\dfrac{x}{L_s}\ln\dfrac{W}{g}\right)\right] & (0\leqslant x\leqslant L_s) \\[3mm] E_{s2}:y=\dfrac{1}{2}\left[g\exp\left(\dfrac{x}{L_s}\ln\dfrac{W}{g}\right)-W\right] & (0\leqslant x\leqslant L_s) \\[3mm] E_{t1}:y=\dfrac{1}{2}\left[W+g\exp\left(\dfrac{x}{L}\ln\dfrac{W}{g}\right)\right] & (0\leqslant x\leqslant L) \\[3mm] E_{t2}:y=\dfrac{1}{2}\left[-W-g\exp\left(\dfrac{x}{L}\ln\dfrac{W}{g}\right)\right] & (0\leqslant x\leqslant L) \end{array}\right\} \qquad (5-27)$$

通过仿真分析,确定天线单元的各个参数分别为:$W=40$ mm,$g=0.2$ mm,$L=110.7$ mm,$R_c=4.5$ mm,$L_b=28.3$ mm,$L_s=60.7$ mm。与和差馈电网络相对应,只关注 3~10 GHz 频率范围内天线二元阵列的特性。图 5-35 为 E 面二元阵的有源反射系数。由图 5-35 可知,在 3~10 GHz 大部分频带范围内,有源反射系数小于-10 dB,基本能够满足要求。

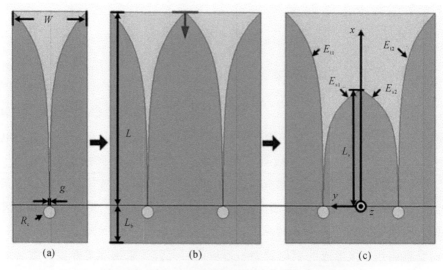

图 5 - 34 Vivaldi 天线 E 面二元阵的设计流程图

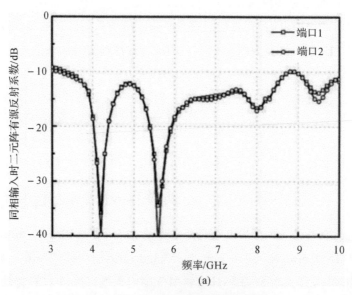

图 5 - 35 E 面二元阵有源反射系数

(a)同相馈电；

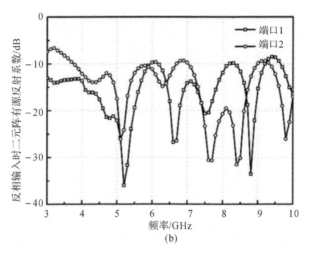

续图 5 - 35　E 面二元阵有源反射系数

(b)反相馈电

　　图 5 - 36(a)(b)所示分别为二元阵在 4.5 GHz,6 GHz,9 GHz 3 个频点的 E 面和、差方向图。在研究和辐射特性时,对两个端口进行同相馈电;在研究差辐射特性时,对两个端口进行反相馈电。由图可以看出,天线在上述三个频点处具有一致的方向图特性;随着频率的增大,波束变窄;在和方向图的最大指向处,差方向图的零深较好。从二元阵的辐射特性可以看出,所设计天线基本能够满足阵列天线的要求。

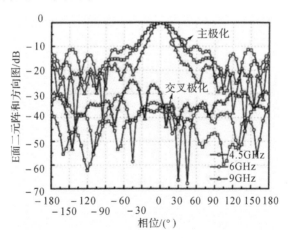

图 5 - 36　E 面和、差方向图

(a)和方向图;

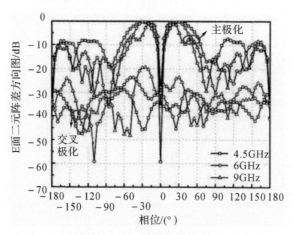

续图 5-36   E 面和、差方向图

(b)差方向图

为了能够与和差网络集成单脉冲天线系统,将两个所设计的 E 面二元阵平行放置,进行 H 面的组阵,通过优化设计,两个 E 面二元阵的距离选择为 30 mm。图 5-37 所示为天线四元阵示意图。

图 5-37   天线四元阵

图 5-38 给出了四元阵的 S 参数。其中,图 5-38(a)为和输入时(即端口 1～4 等幅同相输入),阵列天线各端口的有源反射系数;图 5-38(b)为俯仰差输入时(即端口 1 和端口 4 等幅同相输入,端口 2 和端口 3 等幅同相输入,端口 1、端口 4 和端口 2、端口 3 等幅反相),阵列天线各端口的有源反射系数;图 5-38(c)为方位差输入时(即端口 1 和端口 2 等幅同相输入,端口 3 和端口 4 等幅同相输入,端口 1、端口 2 和端口 3、端口 4 等幅反相),阵列天线各端口的有源反射系数;图 5-38(d)为天线阵元间的耦合系数。从图中可以看出,在不同输入的情况下,天线单元各端口有源反射系数在 3.5～10 GHz 的大部分频段范围内小于-10 dB,部分频段的反射系数大于-10 dB,但小于-9.5 dB,且耦合系数小于-10 dB。在设计过程中,"和差矛盾"总是存在的,要克服这一矛盾,需要进一步采取措施。但是,上述阵列天线基本能够满足要求,可用于单脉冲天线系统的集成。

图 5-39 所示为四元阵在 4.5 GHz,6 GHz 和 9 GHz 的和、差方向图。其中,图 5-39(a)为阵列天线的方位和波束;图 5-39(b)为俯仰和波束;图 5-39(c)为方位差波束;图 5-39(d)为俯仰差波束。从图中可以看出,在上述 3 个频点处,阵列天线具有一致的方向图特性,和辐射特性良好,方位差、俯仰差波束零深均小于-30 dB。

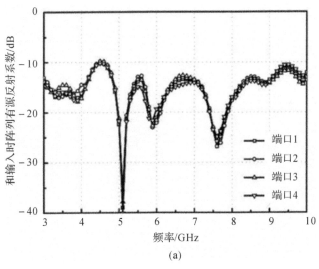

(a)

图 5-38　四元阵 S 参数

(a)和输入;

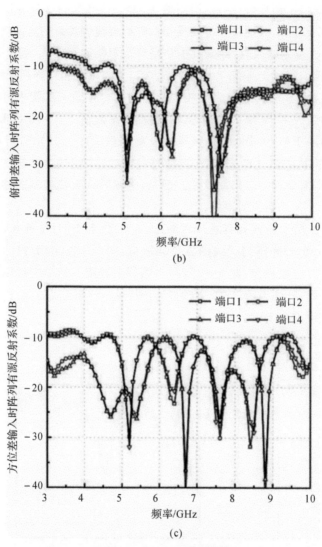

续图 5 - 38　四元阵 S 参数

(b)俯仰差输入；　(c)方位差输入；

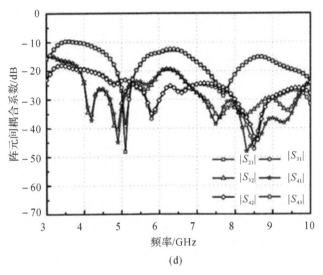

(d)

续图 5-38　四元阵 S 参数

(d)耦合系数

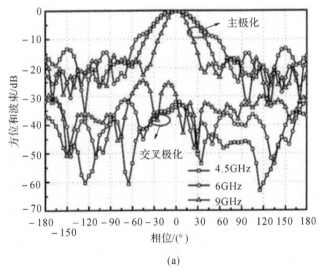

(a)

图 5-39　四元阵和、差方向图

(a)方位和波束；

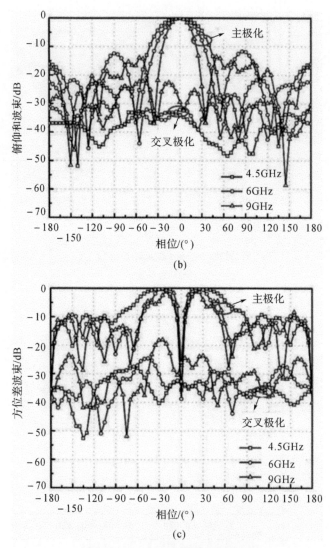

续图 5-39　四元阵和、差方向图

(b)俯仰和波束；　(c)方位差波束；

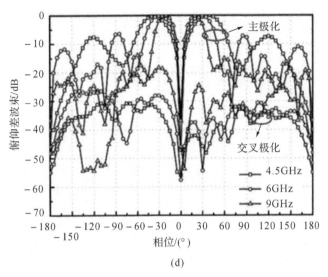

(d)

续图 5 - 39　四元阵和、差方向图

(d)俯仰差波束

5.7.2　系统的集成与测试

在天线系统集成时,需要采用 4 个电缆进行连接。为了保证天线系统的性能,需要每个连接电缆都具有良好的传输特性,且电缆之间具有较小的相位差。因此,需要先选取电缆,然后对电缆进行测试。通过对多根电缆进行测试,并比对它们之间的幅度和相位特性,选取其中 4 根幅度和相位一致性较好的电缆。图 5 - 40 给出了 4 根电缆的幅度和相位的测试曲线。由图 5 - 40(a)可以看出,4 根电缆中插入损耗随着频率的增大逐渐增大,最大为 0.51 dB;由图 5 - 40(b)可以看出,电缆之间的相位差的最大值在 10 GHz,为 7.7°。由结果可得,所选用的电缆具有较好的幅度和相位一致性,能够满足系统连接的要求。在电缆实际应用中,根据和差网络的相位特性测试结果和电缆的相位特性测试结果,将电缆连接进行优化配置,以实现馈电网络和电缆连接后馈入阵列天线各端口的相位与理想相位差最小。

采用上述 4 根电缆将馈电网络端口 1~4 与阵列天线端口 1~4 进行连接,构成整个天线系统。对天线系统进行优化后,将电缆 1 与端口 1 相连,电缆 2 与端口 3 相连,电缆 3 与端口 4 相连,电缆 4 与端口 2 相连。天线系统有

1个和端口和3个差端口,为了描述方便,对和差网络的端口进行重新定义:
和差网络的端口5~8分别对应天线系统的端口1~4,即天线系统的端口1
为和端口,端口2为俯仰差端口,端口3为方位差端口,端口4为对角差端口。
图5-41为单脉冲天线系统的照片。

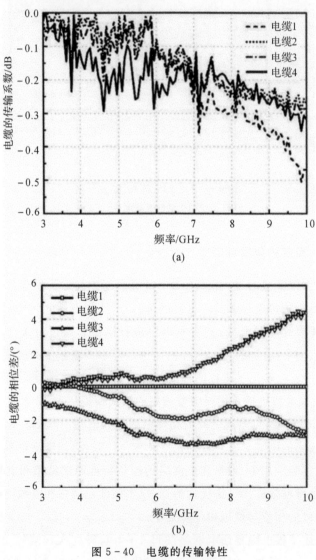

(a)

(b)

图 5-40　电缆的传输特性

(a)传输系数;　(b)相位差

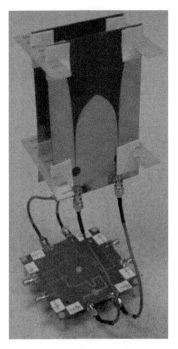

图 5 - 41　单脉冲天线系统

　　图 5 - 42 所示为单脉冲天线系统输入端口的反射系数测试结果。图 5 - 43 所示为天线输入端口之间的隔离系数测试结果。由图 5 - 42 可知,天线系统的四个端口在 3～10 GHz 大部分频率处的反射系数小于－10 dB。因此,该天线系统各端口阻抗匹配良好。由图 5 - 43 可知,天线系统的 4 个端口在 3～10 GHz隔离系数小于－10 dB。因此,天线系统的各个输入端口之间具有良好的隔离特性。

　　选取 4 个频点(4 GHz,5.5 GHz,7 GHz,8.5 GHz)对天线系统的方向图进行测试。图 5 - 44 所示为天线系统和波束方向图的测试结果,可以看出,天线系统具有良好的和辐射特性。图 5 - 45 给出了天线系统俯仰差波束和方位差波束的方向图测试结果。天线差方向图的零深均小于－18 dB,与理想结果相比,天线差波束的零深位置存在一定偏差,这主要是因为天线系统的馈电幅度和相位存在偏差。图 5 - 46 给出了天线系统所选取 4 个测试频点的和波束增益与差波束增益。在选取的测试频点,天线和波束的增益大于 9 dB,差波束的增益大于 5.8 dB。天线的和波束增益较低,这主要是因为在 E 面二元阵中,阵列中间电平要低于两侧电平。所设计的天线系统在宽带范围内辐射特性良好,原因主要包括以下几个方面:①设计的和差馈电网络输出信号良好的幅度和相位特性奠定了系统良好辐射性能的基础;②对连接馈电网络和天线的电缆进行了优化配置,从而实现了馈入天线信号的最理想化;③采用的Vivaldi 天线的 E 面二元阵结构的辐射特性良好。

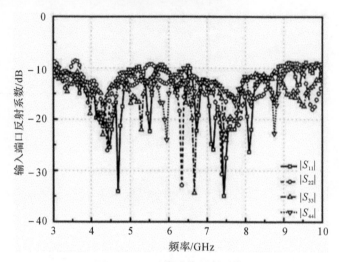

图 5-42　天线系统反射系数

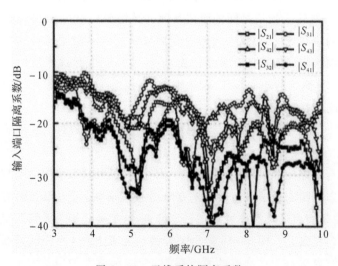

图 5-43　天线系统隔离系数

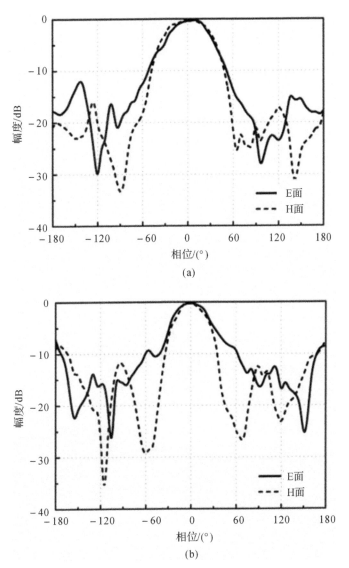

图 5-44　和波束方向图测试结果

(a)4 GHz；　(b)5.5 GHz；

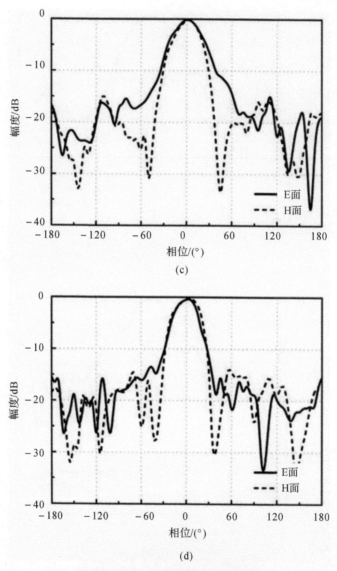

续图 5-44　和波束方向图测试结果

(c)7 GHz；　(d)8.5 GHz

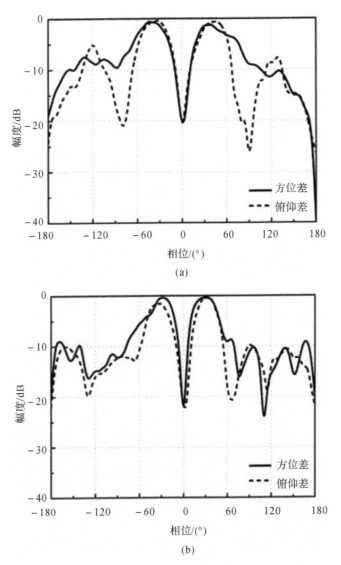

(a)

(b)

图 5-45 方位差波束和俯仰差波束方向图测试结果

(a)4 GHz； (b)5.5 GHz；

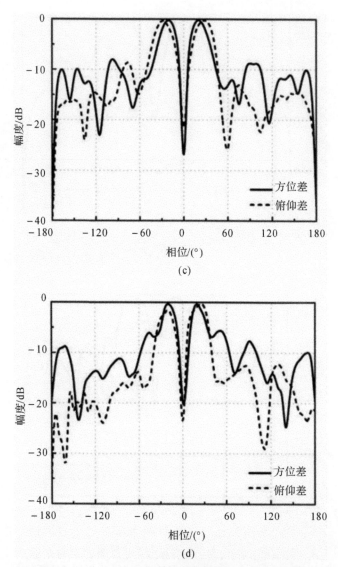

续图 5-45　方位差波束和俯仰差波束方向图测试结果

(c)7 GHz；　(d)8.5 GHz

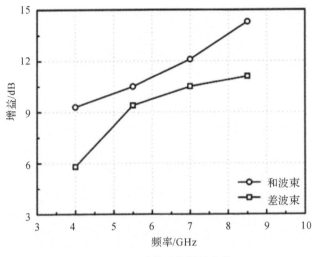

图 5 - 46　天线系统增益曲线

5.8　小　　结

雷达系统要实现单脉冲体制,单脉冲天线是必不可少的,而单脉冲阵列天线和差波束的实现是通过和差网络来完成的,获得网络各个端口的幅相信息是设计网络的关键。本章设计了宽带单脉冲阵列天线。首先,提出了 IDC 加载的 SCRLH - TL,分析了传输线的特性,并设计了一个超宽带 45°差分移相器;其次,对单脉冲天线系统的方向图特性进行了分析;再次,基于新型 SCRLH - TL 设计了宽带 90°差分移相器,并与宽带 3 dB 定向耦合器结合设计了宽带和差网络;最后,设计了 Vivaldi 天线,并与馈电网络集成了单脉冲天线系统。

第6章 总结与展望

平面人工传输线理论及其在微波工程,尤其是天线系统中的应用研究为天线系统性能的提升提供了重要方法。平面人工传输线因其非线性的相位特性和可控的色散特性,可以用于设计小型化、宽带化、双/多频器件。目前,平面人工传输线在天线系统中的应用仍处于探索阶段。与传统的设计相比,采用平面人工传输线设计的天线系统往往可以提升器件某一方面或几个方面的性能,但又势必会引入新的问题。所做的工作主要针对天线系统性能的整体提升,为后续采用平面人工传输线设计小型化、宽带化、双/多频系统提供经验借鉴。

本书以平面人工传输线的设计为主线,在阵列天线中的应用为背景,对慢波结构在波束可调阵列天线中的应用、新型双层复合左右手传输线及其在频率扫描阵列天线中的应用和 IDC 加载的简化复合左右手传输线在宽带和差馈电网络中的应用展开了深入的研究,现将主要工作总结如下:

(1)新型慢波传输线在波束可调阵列天线中的应用。首先,提出了单元级联形式的 SW – TL 结构,给出了结构的等效电路,并经过优化仿真得到了等效模型的集总元件值;其次,分析了单元结构的特性,该结构不仅具有较大的慢波因子,还具有较宽的高频阻带;再次,基于所提出的结构设计了具有谐波抑制功能的小型化分支线耦合器、0 dB 电桥及 0°和 45°移相器,并集成了具有宽带谐波抑制功能的 Butler 矩阵;然后,采用集总元件加载技术和分形技术设计了平行双线结构,并将其用于小型化天线单元的设计;最后,基于 Butler 矩阵和平行双线结构的小型化天线实现了波束可调的阵列天线的设计。

(2)新型双层复合左右手传输线在频率扫描阵列天线中的应用。首先,在分析传统 IDC 结构谐振频率产生原因的基础上提出了一种基于双层介质板的新型 IDC 结构单元,该单元克服了传统结构因谐振带来频带窄的问题;其次,利用所提出的单元结构设计了具有宽带特性的 CRLH – TL 单元;然后,基于该 CRLH – TL 单元设计了宽带移相线,并结合宽带 Wilkinson 功分器设计了能够实现±45°扫描角的频率扫描馈电网络;最后,将馈电网络和准八木天线集成了频率扫描阵列天线。

(3)IDC 加载的简化复合左右手传输线及其在宽带和差馈电网络中的应

用。首先,设计了一种加载 IDC 结构的 SCRLH - TL 单元,给出了结构的等效电路,分析了其色散特性和阻抗特性;其次,给出了基于新型 SCRLH - TL 设计宽带差分移相器的方法,并设计了工作于 3.1～10.6 GHz 的超宽带移相器;再次,分析了和差馈电网络的特性,给出了和差馈电网络的结构图,并简单分析了网络的工作原理;然后,采用"花瓣"形缝隙耦合结构设计了宽带定向耦合器,采用 SCRLH - TL 设计了具有良好幅度特性和较小相位不平衡度的宽带 45°和 90°移相器;最后,设计了宽带和差馈电网络,并与设计的双开槽 Vivaldi 天线集成了单脉冲天线系统。

(4)本书更加专注于平面人工传输线的"路"分析及其在功能阵列天线中的应用,包含了笔者对传输线领域的所有研究成果,提出了分析平面人工传输线的分析方法,研究了传输线特性改善方法,并着力解决实际应用问题。本书内容涵盖平面人工传输线及其阵列设计的研究背景、研究现状、基础理论、研究创新等方面。

(5)本书所做的部分工作以武器系统的应用为背景,旨在提高武器系统的性能;本书所做的工作为相关系统的研制提供了一定的借鉴,为高性能平面阵列天线的设计提供了新的思路和方法。

本书对平面人工传输线在波束可调的阵列天线、频率扫描阵列天线和宽带单脉冲天线系统等方面进行了研究。但是,平面人工传输线理论、平面人工传输线的结构和平面人工传输线的应用是不断发展的,也是逐步深化的。仍然有很多问题需要解决,需要不断地进行研究。根据笔者对平面人工传输线的了解,结合所做的工作,对平面人工传输线以及它的应用研究展望如下:

(1)在平面人工传输线的研究方面。本书所研究的平面人工传输线是通过特性分析并结合指标来设计的,一旦成型,只能用于固定需求的场合,很难实现多场合的应用,若能设计出性能可重构的平面人工传输线,将会大大增加其适用范围。但是,如何在保证其他性能的前提下实现对平面人工传输线某一特性的可控性是一个具有挑战性的课题。这里,可以借鉴天线的可重构技术对可控型平面人工传输进行设计。此外,需要对平面人工传输线的设计思路、设计规律和设计方法进行凝练,如何针对不同的需求设计不同的平面人工传输线;如何实现平面人工传输线性能的最优化也是一个值得研究的课题,如结合软件编程优化出平面人工传输线结构参数的最优值。

(2)用于相控阵天线系统的平面人工传输线研究方面。当今,大部分雷达是相控阵雷达,如何将平面人工传输线应用于相控阵雷达系统具有很高的学术和实用价值。针对相控阵天线系统,需要解决以下两方面的问题:①采用平面人工传输线设计出高增益、小型化、宽带、圆极化的天线还需不断研究。
②采用平面人工传输线实现宽带数字移相器的设计,若能设计出宽带甚至是超宽带的数字移相器,并结合计算机对移相器的精确控制实现对天线波束的控制,将十分有益于提升雷达系统的战斗力和生存能力。

综上所述,对平面人工传输线的理论、结构设计和应用方面的研究仍然有很多问题需要解决,随着问题的不断解决,这方面的理论必将更加完善,应用必将更加广泛。在微波领域,尤其是阵列天线领域,随着专家研究的不断深入,平面人工传输线在高性能天线系统设计中必将占有一席之地,不同功能的天线及阵列必将在实战装备中得到应用。

参 考 文 献

[1] http://sm/baike.com/item/e193d4df22d200a70b65c90b65c90f73dd86f5.html1? from
     ＝smsc.

[2] 付世强. 圆极化微带天线及其在海事卫星通信中的应用 [D]. 大连：大
     连海事大学，2010.

[3] 李伟，耿友林. 新型无线局域网双频段微带贴片天线设计 [J]. 强激光
     与粒子束，2011，23(3)：717－720.

[4] 丁轲佳，吕善伟，张岩. 小型宽波束圆极化天线及馈电网络 [J]. 电波
     科学学报，2012，27(4)：680－684.

[5] LIU C－R，XIAO S－Q，GUO Y－X，et al. Broadband circularly po-
     larized beam-steering antenna array [J]. IEEE transaction on antennas
     and propagation，2013，61(3)：1475－1479.

[6] 邓力. 宽频天线小型化设计理论及圆极化微带天线研究 [D]. 北京：北
     京邮电大学，2010.

[7] 陈曦. 相控阵天线相位中心及卫星通信圆极化天线研究 [D]. 西安：西
     安电子科技大学，2011.

[8] LU J－H，ZHENG G－T. Planar broadband tag antenna mounted on
     the metallic material for UHF RFID system [J]. IEEE antennas and
     wireless propagation letters，2011，10：1405－1408.

[9] 王亚伟. 超宽带天线及其阵列研究 [D]. 西安：空军工程大学，2014.

[10] ZHANG C－H，LIANG X－L，BAI X－D，et al. A broadband dual
     circularly polarized patch antenna with wide beamwidth [J]. IEEE
     antennas and wireless propagation letters，2014，13：1457－1460.

[11] SHAVIT R，TZUR Y，SPIRTUS D. Design of a new dual-frequency
     and dual－polarization microstrip element[J]. IEEE antennas and
     wireless propagation letters，2003，51(7)：1443－1451.

[12] ZHENG W－C，ZHANG L，LI Q－X，et al. Dual-band dual-polarized
     compact bowtie antenna array for anti-interference MIMO WLAN
     [J]. IEEE transaction on antennas and propagation，2014，62(1)：

237 - 246.

[13] KO S - T, PARK B - C, LEE J - H. Dual - band circularly polarized patch antenna with first positive and negative modes [J]. IEEE antennas and wireless propagation letters, 2013, 12:1165 - 1168.

[14] PARK B - C, LEE J - H. Dual - band omnidirectional circularly polarized antenna using zeroth - and first - order modes [J]. IEEE antennas and wireless propagation letters, 2012, 11:407 - 410.

[15] NARBUDOWICZ A, BAO X - L, AMMANN M J. Dual - band omnidirectional circularly polarized antenna [J]. IEEE transaction on antennas and propagation, 2013, 61(1):77 - 83.

[16] PAN Y - M, ZHENG S - Y, LI W - W. Dual - band and dual - sense omnidirectional circularly polarized antenna [J]. IEEE antennas and wireless propagation letters, 2014, 13:706 - 709.

[17] 曾会勇. 左右手传输线在天馈线系统中的应用研究 [D]. 西安:空军工程大学, 2013.

[18] http://baike. m. sogo. com/baike/lemmalnfo. jsp? lid=69254727&icfa=1309103.

[19] 黄健全. 新型平面人工传输线及其应用研究 [D]. 广州:华南理工大学, 2011.

[20] CUNNINGHAM J - H. Design, construction and test of an artificial transmission line [J]. Transactions of the American institute of electrical engineers, 1911, 1:245 - 256.

[21] MAGNUSSON C - E, BURBANK S - R. An artificial transmission line with an artificial transmission line with adjustable line constants [J]. Transactions of the American institute of electrical engineers, 1916, 2:1137 - 1153.

[22] KOMPFNER R. The traveling wave tubes as an amplifier at microwaves [J]. Proceeding of IRE, 1947, 35(2):124 - 127.

[23] 沈飞. 微带型慢波结构的研究[D]. 成都:电子科技大学, 2012.

[24] GUCKEL H, BRENNAN P - A, PALOCZ I - A. Parallel - plate waveguide approach to microminiaturized, planar transmission lines for integrated circuits [J]. IEEE transactions on microwave theory and technique, 1967, 15(8):468 - 476.

[25] HASEGAWA H, FURUKAWA M, YANAI H. Properties of mi-

crostrip line on Si – SiO$_2$ system [J]. IEEE transactions on micro-wave theory and technique, 1971, 19(11):869 – 881.

[26] JAGER D. Slow-wave propagation along variable schottky – contact microstrip line [J]. IEEE transactions on microwave theory and tech-nique, 1976, 24(9):566 – 573.

[27] HASEGAWA H, OKIZAKI H. M. I. S. and schottky slow-wave coplanar striplines on GaAs substrates [J]. IET electronics letters, 1977, 13(22):663 – 664.

[28] FUKUOKA Y, SHIH Y – C, ITOH T. Analysis of slow – wave co-planar waveguide for monolithic integrated circuits [J]. IEEE trans-actions on microwave theory and technique, 1983, 31(7):567 – 573.

[29] FUKUOKA Y, ITOH T. Slow-wave coplanar waveguide on periodi-cally doped semiconductor substrate [J]. IEEE transactions on mi-crowave theory and technique, 1983, 31(12):1013 – 1017.

[30] WU K, VAHLDIECK R. Propagation characteristics of MIS trans-mission lines with inhomogeneous doping profile [J]. IEEE Transac-tions on microwave theory and technique, 1990, 38(12):1872 – 1878.

[31] KAMITSUNA H, OGAWA H. Novel slow – wave meander lines using multilayer MMIC technologies [J]. IEEE microwave and guided wave letters, 1992, 2(1):8 – 10.

[32] GORUR A. A novel coplanar slow-wave structure [J]. IEEE micro-wave and guided wave letters, 1994, 4(3):86 – 88.

[33] HSIEH L – H, CHANG K. Slow-wave bandpass filters using ring or stepped – impedance hairpin resonators [J]. IEEE microwave and guided wave letters, 2002, 50(7):1795 – 1880.

[34] MAO S – G, CHEN C – M, CHANG D – C. Modeling of slow-wave EBG structure for printed – bowtie antenna array [J]. IEEE antennas and wireless propagation letters, 2002, 1:124 – 127.

[35] WANG J, WANG B – Z, GUO Y – X, et al. Compact slow-wave microstrip rat – race ring coupler [J]. IET electronics letters, 2007, 43(2):111 – 113.

[36] ZHOU C – Z, and YANG H – Y D. Design considerations of mini-aturized least dispersive periodic slow-wave structures [J]. IEEE

transactions on microwave theory and technique, 2008, 56（2）: 467 - 474.

[37] SHIN J - H, SAKAMOTO S - R, DAGLI N. Conductor loss of capacitively loaded slow wave electrodes for high-speed photonic devices [J]. Journal of lightwave technology, 2011, 29(1):48 - 52.

[38] CHANG W - S, CHANG C - Y. A high slow-wave factor micro-strip structure with simple design formulas and its application to microwave circuit design [J]. IEEE transactions on microwave theory and technique, 2012, 60(11):3376 - 3383.

[39] WANG C - W, MA T - G, YANG C - F. A new planar artificial transmission line and its applications to a miniaturized butler matrix [J]. IEEE transactions on microwave theory and technique, 2007, 55 (12):2792 - 2801.

[40] WANG C - C, CHIU H - C, MA T - G. A slow-wave multilayer synthesized coplanar waveguide and its applications to rat-race coupler and dual-mode filter [J]. IEEE transactions on microwave theory and technique, 2011, 59(7):1719 - 1729.

[41] KOOCHAKZADEH M, ABBASPOUR - TAMIJANI A. Miniaturized transmission lines based on hybrid lattice - ladder topology [J]. IEEE transactions on microwave theory and technique, 2010, 58(4): 949 - 955.

[42] HUANG J - Q, CHU Q - X, YU H - Z. A mixed - lattice slow-wave transmission line [J]. IEEE microwave and wireless component letter, 2012, 22(1):13 - 15.

[43] 何俊. 相控阵馈电网络中的无源器件研究[D]. 成都:电子科技大学, 2009.

[44] YANG F - R, QIAN Y - X, COCCIOLI R, et al. A novel low - loss slow-wave microstrip structure [J]. IEEE microwave and guided wave letters, 1998, 8(11):372 - 374.

[45] KIM H - M, LEE B. Bandgap and slow/fast-wave characteristics of defected ground structures (DGSs) including left-handed features [J]. IEEE transactions on microwave theory and technique, 2006, 54 (7):3113 - 3120.

[46] CALOZ C, ITOH T. Electromagnetic metamaterials: transmission line theory and microwave application [M]. New York: Wiley, 2005.

[47] CALOZ C, ITOH T. Application of the transmission line theory of left handed materials to realization of a microstrip line [C]. IEEE. AP – S international symposium, 2002:412 – 415.

[48] ELEFTHERIADES G – V, IYER A – K, KREMER P – C. Planar negative refractive index media using periodically L – C loaded transmission lines[J]. IEEE transactions on microwave theory and techniques, 2002, 50(12) 2702 – 2712.

[49] OLINER A – A. Aperiodic – structure negative – reractive – index medium without resonant element [C]. IEEE. AP – S international symposium, 2002:41.

[50] 逯科. 新型超材料单元设计及其在微波工程中的应用研究[D]. 西安：空军工程大学, 2012.

[51] SANADA A, CALOZ C, ITOH T. Planar distributed structures with negative refractive index [J]. IEEE transactions on microwave theory and techniques, 2004, 52(4):1252 – 1263.

[52] CALOZ C, ITOH T. Positive/negative refractive index anisotropic 2 – D metamaterials [J]. IEEE microwave and wireless components letters, 2003, 13(12):547 – 549.

[53] SANADA A, CALOZ C, ITOH T. Planar distributed structures with negative refractive index[J]. IEEE transactions on microwave theory and techniques, 2004, 52(4):1252 – 1283.

[54] IYER A – K, KREMER P – C, ELEFTHERIADE G – V. Experimental and theoretical verification of focusing in a large, periodically loaded transmission line negative refractive index metamaterial[J]. Optics express, 2003, 11(7):696 – 708.

[55] SIDDIQUI O – F, MOJAHEDI M, ELEFTHERIADES G – V. Periodically loaded transmission line with effective negative refractive index and negative group velocity[J]. IEEE transactions on antennas and propagation, 2003, 51(10):2619 – 2625.

[56] ISLAM R, ELEFTHERIADES G – V. A compact highly – selective filter inspired by negative – refractive – index transmission lines[C].

IEEE MTT - S microwave symposium digest, Atlanta, 2008: 895 - 898.

[57] MARTÍN F, BONACHE J, FALCONE F, et al. Split ring resonator - based left - handed coplanar waveguide [J]. Applied physics letters, 2003, 83(22):4652.

[58] BAENA J - D, BONACHE J, MARTÍN F. Equivalent - circuit models for split-ring resonators and complementary split-ring resonators coupled to planar transmission lines[J]. IEEE transactions on microwave theory and techniques, 2005, 53(4) 1451 - 1461.

[59] FALCONE F, LOPETEGI T, LASO M - A - G, et al. Babinet principle applied to the design of metasurfaces and metamaterials [J]. Physical review letters, 2004, 93(19):197401.

[60] GIL I, BONACHE J, GIL M, et al. Left-handed and right - handed transmission properties of microstrip lines loaded with complementary split Rings Resonators[J]. Microwave and optical technology letters, 2006, 48(12):2508 - 2511.

[61] GIL I, BONACHE J, GIL M, et al. Accurate circuit analysis of resonant - type left handed transmission lines with inter-resonator coupling [J]. Journal of applied physics, 2006, 100:074908.

[62] BONACHE J, SISÓ G, GIL M, et al. Dispersion engineering in resonant type metamaterial transmission lines and applications[J]. Metamaterials and plasmonics: fundamentals, modelling, applications, 2009:269 - 279.

[63] GIL M, BONACHE J, GARCÍA - GARCÍA J, et al. New left handed microstrip lines with complementary split rings resonators (CSRRs) etched in the signal strip [C]. 2007 IEEE MTT - S int. microwave symposium digest. Honolulu, (Hawaii), USA, 2007: 1419 - 1422.

[64] CRNOJEVIĆ- BENGIN V, RADONIĆ V, JOKANOVIĆ B. Fractal geometries of complementary split - ring resonators[J]. IEEE Transactions on microwave theory and techniques, 2008, 56 (10): 2312 - 2321.

[65] SAFWAT A - M - E. Microstrip coupled line composite right/left-

handed unit cell[J]. IEEE microwave and wireless component letters, 2009, 19(7):434 - 436.

[66]　CASARES - MIRANDA F - P. Composite right/left - handed transmission line with wire bonded interdigital capacitor[J]. IEEE microwave and wireless component letters, 2006, 16(11):624 - 625.

[67]　TONG W, HU Z, ZHANG H, et al. Study and realisation of dual - composite right/left-handed coplanar waveguide metamaterial in MMIC technology [J]. IET microwaves, antennas & propagation, 2008, 2(7):731 - 736.

[68]　杨涛.基于复合左右手传输线结构的小型化微波无源元件研究[D].成都:电子科技大学,2011.

[69]　张洪林.基于左右手复合传输线的新型射频器件及应用研究[D].广州:华南理工大学,2011.

[70]　LIN X - Q, LIU R - P, YANG X - M, et al. Arbitrarily dual - band components using simplified structures of conventional CRLH - TLs [J]. IEEE transactions on microwave theory and techniques, 2006, 54(7):2902 - 2909.

[71]　HAN W - J, FENG Y - J, Ultra - wideband bandpass filter using simplified left - handed transmission line structures[J]. Microwave and optical technology letters, 2008, 50(11):2758 - 2762.

[72]　张辉.超常介质的电磁特性及其应用研究[D].长沙:国防科技大学,2009.

[73]　ANDREA A, NADER E. Pairing an epsilon - negative slab with a mu - negative slab:resonance, tunneling and transparency[J]. IEEE transactions on antennas and propagation, 2003, 51(10):2558 - 2571.

[74]　LI H - Y, ZHANG Y - W, ZHANG L - W, et al. Experimental investigation of mu negative of bragg gap in one - dimensional composite right/left-handed transmission line [J]. Journal of applied physics, 2007, 102:03371.

[75]　WEI K - P, ZHANG Z - J, FENG Z - H, et al. A MNG - TL loop antenna array with horizontally polarized omnidirectional patterns [J]. IEEE transactions on antennas and propagation, 2012, 60(6):2702 - 2710.

[76] LAI C‐P, CHIU S‐C, LI H‐J, et al. Zeroth‐Order Resonator Antennas Using Inductor-Loaded and Capacitor-Loaded CPWs [J]. IEEE transactions on antennas and propagation，2011，59（9）：3448‐3453.

[77] 龚建强.左手材料的构造及其在微波工程中的应用研究[D]. 西安：西安电子科技大学,2009.

[78] YANG T, CHI P L, ITOH T. Compact quarter-wave resonator and its applications to miniaturized diplexer and triplexer [J]. IEEE transactions on microwave theory and techniques，2011，59(2):260‐269.

[79] YANG T, TAMURA M, ITOH T. Compact hybrid resonator with series and shunt resonances using in miniaturized filters and balun filters [J]. IEEE transactions on microwave theory and techniques. 2010，58(2):390‐402.

[80] 张巧利.基于复合左右手传输线和基片集成波导的无源器件研究[D]. 杭州：浙江大学,2011.

[81] DONG Y, YANG T, ITOH T. Substrate integrated waveguide loaded by complementary split-ring resonators and its applications to miniaturized waveguide filters [J]. IEEE transactions on microwave theory and techniques，2009，57(9):2211‐2222.

[82] KARIMIAN S, HU Z R. Miniaturized composite right/left‐handed stepped‐impedance resonator bandpass filter [J]. IEEE microwave and wireless components letters，2012，22(8):400‐402.

[83] ANTONIADES M‐A, ELEFTHERIADES G‐V. A broadband series power divider using zero-degree metamaterial phase-shifting lines [J]. IEEE microwave and wireless component letters，2005，15(11)：808‐810.

[84] GIL M, BONACHE J, GIL I, et al. Artificial left-handed transmission lines for small size microwave components：application to power dividers [C]. Proceedings of the 36th European microwave conference：1135‐1138.

[85] XU H‐X, WANG G M, ZHANG C‐X, et al. Composite right/left-handed transmission line based on complementary single-split ring resona-

tor pair and compact power dividers application using fractal geometry[J]. IET microwaves antennas & propagation, 2012, 6(9):1017 – 1025.

[86] SUN K – O, HO S – J, YEN C – C, et al. A compact branch – line coupler using discontinuous microstrip lines[J]. IEEE microwave and wireless component letters, 2005, 15(8):519 – 520.

[87] ZENG H – Y, WANG G – M, YU Z – W, et al. Miniaturization of branch-line coupler using composite right/left-handed transmission lines with novel meander – shaped – slots CSSRR [J]. Radioengineering, 2012, 21(2):606 – 610.

[88] CHIDE P – L, WATERHOUSE R, ITOH T. Antenna miniaturization using slow wave enhancement factor from loaded transmission line models [J]. IEEE transactions on antennas and propagation, 2011, 59(1):48 – 57.

[89] LAI A, LEONG K – M – K – H, ITOH T. Infinite wavelength resonant antennas with monopolar radiation pattern based on periodic structures [J]. IEEE transactions on antennas and propagation, 2007, 55(3):868 – 876.

[90] BAEK S, LIM S. Miniaturised zeroth-order antenna on spiral slotted ground plane [J]. IET electronics letters, 2009, 45(20):1608 – 1610.

[91] GONG J – Q, JIANG J – B, LIANG C – H. Low-profile folded-monopole antenna with unbalanced composite right-/left-handed transmission line [J]. IET electronics letters, 2012, 48(14):1608 – 1610.

[92] ZHU J, ELEFTHERIADES G – V. A compact transmission – line metamaterial antenna with extended bandwidth[J]. IEEE antennas and wireless propagation letters. 2009, 8:295 – 298.

[93] ANTONIADES M A, ELEFTHERIADES G V. A folded – monopole model for electrically small NRI – TL metamaterial antennas [J]. IEEE antennas and wireless propagation letters. 2008, 7:425 – 428.

[94] KIM T – G, LEE B. Metamaterial – based compact zeroth – orderresonant antenna [J]. IET electronics letters, 2009, 45(1):1608 – 1610.

[95] JANG T – H, CHOI J – H, LIM S J. Compact coplanar waveguide (CPW) – fed zeroth – order resonant antennas with extended bandwidth and high efficiency on vialess single layer [J]. IEEE transac-

tions on antennas and propagation, 2011, 59(2):363 - 372.

[96] DONG Y - D, ITOH T. Miniaturized substrate integrated waveguide slot antennas based on negative order resonance [J]. IEEE transactions on antennas and propagation, 2010, 58(12):3856 - 3864.

[97] ZHANG H, LI Y - Q, CHEN X, et al. Design of circular/dual - frequency linear polarization antennas based on the anisotropic complementary split ring resonator[J]. IEEE transactions on antennas and propagation, 2009, 57(10):3352 - 3355.

[98] DONG Y D, TOYAO H, ITOH T. Design and characterization of miniaturized patch antennas loaded with complementary split-ring resonators[J]. IEEE transactions on antennas and propagation, 2012, 60(2):772 - 785.

[99] GENC A, BAKTUR R. Miniaturized dual - passband microstip filter based on double-split complementary split ring and split ring resonators [J]. Microwave and optical technology letters, 2009, 51(1): 136 - 138.

[100] PAPANASTASIOU A - C, GEORGHIOU G - E, ELEFTHERIADES G - V. A quad - band wilkinson power divider using generalized NRI transmission lines [J]. IEEE microwave and wireless component letters, 2008, 18(8):521 - 523.

[101] LIN I, DEVINCENTIS M, CALOZ C, et al. Arbitrary dual - band components using composite right/left-handed transmission lines [J]. IEEE transactions on microwave theory and techniques, 2004, 52(4):1142 - 1149.

[102] DONG Y, ITOH T. Application of composite right/left-handed half - mode substrate integrated waveguide to the design of a dual-band rat - race coupler[C]. IEEE MTT - S international microwave symposium digest, 2010:712 - 715.

[103] BONACHE J, SISÓ G, GIL M, et al. Application of composite right/left handed (CRLH) transmission lines based on complementary split ring resonators (CSRRs) to the design of dual - band microwave components [J]. IEEE microwave and wireless component letters, 2008, 18(8):524 - 526.

[104] SELGA J, SISÓ G, GIL M, et al. Microwave circuit miniaturization with complementary spiral resonators: application to high – pass filters and dual – band components [J]. Microwave and optical technology letters, 2009, 51(10):2741 – 2744.

[105] NAKANO, MIYAKE J, OYAMA M,et al. Metamaterial spiral antenna [J]. IEEE antennas and wireless propagation letters. 2011, 10:425 – 428.

[106] KO S – T, PARK B – C, LEE J – H. Dual – band circularly polarized patch antenna with first positive and negative modes [J]. IEEE antennas and wireless propagation letters. 2013, 12:1165 – 1168.

[107] RYU Y – H, PARK J – H, LEE J – H, et al. Multiband antenna using – 1, +1, and 0 resonant mode of DGS dual composite right/left handed transmission line [J]. Microwave and optical technology letters, 2009, 51(10):2485 – 2488.

[108] NTAIKOS D – K, BOURGIS N – K, YIOULTSIS T – V. Metamaterial – based electrically small multiband planar monopole antennas [J]. IEEE antennas and wireless propagation letters. 2011, 10:963 – 966.

[109] ANTONIADES M – A, ELEFTHERIADES G – V. Multiband compact printed dipole antennas using NRI – TL metamaterial loading [J]. IEEE transactions on antennas and propagation, 2012, 60(12): 5613 – 5626.

[110] 王辰. 基于复合左右手传输线结构的新型、多频小型化天线研究[D]. 广州:华南理工大学, 2012

[111] 李奇. 无线通信中微带滤波器的研究与设计[D]. 西安:西安电子科技大学,2011.

[112] GONG J Q, CHU Q X. SCRLH – TL based UWB bandpass filter with widened upper stopband [J]. Journal of electromagnetic waves and applications, 2008, 22:1985 – 1992.

[113] AHMED K U, VIRDEE B S. Ultra – wideband bandpass filter based on composite right/left handed transmission – line unit – cell [J]. IEEE transactions on microwave theory and techniques. 2013, 61(2):782 – 788.

[114] ZENG H - Y, WANG G - M, WANG Y - W, et al. Ultra - wide-band 45° phase shifter based on simplified composite right/left-handed transmission line [J]. IET electronics letters, 2012, 48 (25):1608 - 1610.

[115] TANG X - Y, MOUTHAAN K. Design of a UWB Phase Shifter Using Shunt $\lambda/4$ Stubs [C]. IEEE MTT - S international microwave symposium digest:1021 - 1024.

[116] ZHENG S - Y, CHAN W - S, MAN K - F. Broadband phase shifter using loaded transmission line [J]. IEEE microwave and wireless component letters, 2010, 20(9):498 - 500.

[117] ANTONIADES M A, ELEFTHERIADES G V. A broadband dual-mode monopole antenna using NRI - TL metamaterial loading [J]. IEEE antennas and wireless propagation letters, 2009, 8:258 - 261.

[118] LI L - W, LI Y - N, YEO T - S, et al. A broadband and high - gain metamaterial microstrip antenna [J]. Applied physics letters. 2010, 96,164101:1 - 3.

[119] PALANDOKEN M, GREDE A, HENKE H. Broadband microstrip antenna with left - handed metamaterials [J]. IEEE transactions on antennas and propagation, 2009, 57(2):331 - 338.

[120] MANDAL M - K, MONDAL P, SANYAL S, et al. Low insertion - loss, sharp-rejection and compact microstrip low-pass filters [J]. IEEE microwave and wireless components letters, 2006, 16(11):600 - 602.

[121] DWARI S, SANYAL S. Compact sharp cutoff wide stopband microstrip low-pass filter using complementary split ring resonator [J]. Microwave and optical technology letters, 2007, 49(11):2865 - 2567.

[122] ZENG H - Y, WANG G - M, ZHANG C - X, et al. Compact microstrip low-pass filter using complementary split ring resonators with ultra-wide stopband and high selectivity [J]. Microwave and optical technology letters, 2010, 52(2):430 - 433.

[123] XU H - X, WANG G - M, ZHANG C - X, et al. Hibert - shaped complementary ring resonator and application to enhanced -performance

low pass filter with high selectivity [J]. International journal of RF and microwave computer-aided engineering, 2011, 21(4):399 – 406.

[124] WANG J – P, WANG B – Z, GUO Y – X, et al. A compact slow-wave microstrip branch – line coupler with high performance [J]. IEEE microwave and wireless component letters, 2007, 17（7）:501 – 503.

[125] BEMANI M, NIKMEHR S. Dual – band N – way series power divider u-sing CRLH – TL metamaterials with application in feeding dual – band linear broadside array antenna with reduced beam squinting [J]. IEEE transactions on circuit and systems, 2013, 60(12):3239 – 3246.

[126] CHOI J – H, ITOH T. Dual – band composite right/left – handed (CRLH) phased – array antenna [J]. IEEE antennas wireless propa-gation letters, 2012, 11:732 – 735.

[127] CHOI J – H, SUN J – S, ITOH T. Frequency – scanning phased – array feed network based on composite right/left-handed transmis-sion lines [J]. IEEE transactions on microwave theory and tech-niques, 2013, 61(8):3148 – 3157.

[128] 朱旗,吴磊,徐善驾. 基于左手传输线的双线极化微带阵列天线[J]. 电波科学学报, 2007, 22(3):359 – 364.

[129] 李雁,徐善驾,张忠祥. 新型左手传输线馈电微带阵列天线[J]. 红外与毫米波学报, 2007, 26(2):137 – 140.

[130] 张忠祥,朱旗,徐善驾. 左手微带传输线在毫米波天线阵中的应用[J]. 红外与毫米波学报, 2005, 24(5):341 – 347.

[131] 朱旗,韩璐,陈鹏,等. 交指型左手微带天线研究[J]. 电波科学学报, 2009, 24(5):787 – 792.

[132] 陈晚. 二维复合左右手圆极化电扫漏波天线阵的研究[D]. 哈尔滨:哈尔滨工业大学,2013.

[133] 李雪. 基于复合左/右手传输线的平面天线研究[D]. 重庆:西南交通大学,2013.

[134] 王新稳,李萍,李延平. 微波技术与天线[M]. 北京:电子工业出版社,2008.

[135] 廖承恩. 微波技术基础[M]. 西安:西安电子科技大学出版社,2000.

[136] 安建. 复合左右手传输线理论与应用研究[D]. 西安:空军工程大学, 2009.

[137] 耿林. 分布式复合左右手传输新结构及其应用研究[D]. 西安:空军工程大学, 2013.

[138] 刘传运. 左手媒质的构造及在微波工程中的应用研究[D]. 广州:华南理工大学, 2010.

[139] 曾会勇. 复合左右手传输线的设计及应用研究[D]. 西安:空军工程大学, 2009.

[140] POZAR D - M. Microwave engineering [M]. 4th ed. New York: John Wiley&Sons, Inc. , 2011.

[141] HONG J - S, LANCASTER M J. Microstrip filters for RF/Microwave applications[M]. New York:Wiley, 2001.

[142] 俞忠武.平面单脉冲天线阵及其馈电系统研究[D]. 西安:空军工程大学, 2011.

[143] 陈文灵.分形几何在微波工程中的应用研究[D]. 西安:空军工程大学, 2009.

[144] 杨歆汨,郭辉萍,王莹,等. 平面人工传输线等效集总参数经验公式的研究[J].电波科学学报, 2012, 27(4):780 - 785.

[145] BUTLER J, LOWE R. Beam - forming matrix feed systems for antenna arrays [J]. IET electronics letters, 1961, 9:170 - 173.

[146] TSAI K - Y, YANG H - Y, CHEN J - H, et al. A miniaturized 3 dB branch - line hybrid coupler with harmonics suppression [J]. IEEE microwave and wireless component letter, 2011, 21(10):537 - 539.

[147] WANG J - P, WANG B - Z, GUO Y - X, et al. A compact slow-wave microstrip branch - line coupler with high performance [J]. IEEE microwave and wireless component letter, 2007, 17 (7): 501 - 503.

[148] MURACUCHI M, YUKITAKE T, NAITO Y. Optimum design of 3 dB branch - line couplers using microstrip lines [J]. IEEE transactions on microwave theory and techniques, 1983, 31(8):674 - 678.

[149] MUMCU G, GUPTA S, SERTEL K, et al. Small wideband double - loop antennas using lumped inductors and coupling capacitors[J]. IEEE

antennas wireless propagation letters, 2011, 10:107 - 110.

[150] MUMCU G, SERTEL K, VOLAKIS J - L. Partially coupled microstrip lines for antenna miniaturization [A]. IEEE international workshop on antenna technology:Small Antennas and Novel Metamaterials (IWAT), Santa Monica, CA, March 2009.

[151] 丁鹭飞,耿富录,陈建春. 雷达原理[M]. 北京:电子工业出版社,2009.

[152] http://baike. m. sogou. com/baike/lemmalnfo.

[153] NISHIO T, XIN H, WANG Y X, et al. A frequency - controlled active phased array [J]. IEEE microwave and wireless components letters, 2004, 14(2):115 - 117.

[154] RIEMER D - E. Packaging design of wide - angle phased - array antenna for frequencies above 20 GHz [J]. IEEE transactions on antennas and propagation, 1995, 43(9):915 - 920.

[155] CASARES - MIRANDA F P, OTERO P, MÁRQUEZ - SEGURA E, et al. Wire bonded interdigital capacitor [J]. IEEE microwave and wireless components letters, 2005, 15(10):700 - 702.

[156] ZHANG H - L, ZHANG X - Y, HU B - J. A novel interdigital capacitor with accurate model for left - handed metamaterial [A]. Proceedings of Asia - Pacific microwave conference, 2010.

[157] ANTONIADES M - A, ELEFTHERIADES G - V. A broadband 1:4 series power divider using metamaterial phase shifting lines [A]. IEEE microwave conference, 2005.

[158] 倪晶. 频扫阵列天线多功能、高效率和高频段的应用与研究[D]. 南京:南京理工大学, 2009.

[159] 冯恩信,高建明,张安学. 基于 SIW 左右手复合传输线的频扫天线阵馈电网络[J]. 微波学报,2013,29(5):155 - 158.

[160] 柴雯雯,张晓娟. 一种小型超宽带平面和差网络[J]. 中国科学院研究生院学报, 2008, 25(6):830 - 834.

[161] 张继浩,李丽娴,孙竹. 平面相控阵天线和差分布馈电网络设计[J]. 无线电工程,2015,45(1):61 - 64.

[162] 列昂诺夫. 单脉冲雷达 [M]. 黄虹,译. 北京:国防工业出版社,1974.

[163]　SHERMAN S M. Monopulse Principles and Techniques [M]. Dedham, MA: Artech House, 1984.

[164]　胡体玲. 3mm 波段高分辨力单脉冲雷达技术研究[D]. 南京:南京理工大学,2007.

[165]　马振球,崔嵬. 相位和差单脉冲雷达测角性能分析[J]. 北京理工大学学报, 2009, 29(8):726-731.

[166]　胡体玲,李兴国. 单脉冲探测技术的发展综述[J]. 现代雷达,2006, 28(12):24-29.

[167]　俞忠武. C 波段宽带平面单脉冲天线的研制[D]. 西安:空军工程大学, 2008.

[168]　林昌禄. 近代天线设计[M]. 2 版. 北京:人民邮电出版社,1990.

[169]　西尔弗. 微波天线理论与设计[M]. 北京:北京航空航天大学出版社, 1989.

[170]　张前悦. 毫米波定向/全向圆极化天线阵研究[D]. 西安:空军工程大学, 2008.

[171]　刘刚,林华. 天线与电波传播[Z]. 西安:空军工程大学,2003.

[172]　GONG J-Q, CHU Q-X. A novel SCRLH transmission line structure and its application to UWB filter design [C]. International workshop on metamaterials, 2008:316-319.

[173]　CHEN H-C, CHANG C-Y. Modified vertically installed planar couplers for ultrabroadband multisection quadrature hybrid [J]. IEEE microwave and wireless component letter, 2006, 16(8): 446-448.

[174]　CHEN W-L, WANG G-M, ZHANG C-X. Miniaturized of wideband branch-line couplers using fractal-shaped geometry [J]. Microwave and optical technology letters, 2009, 51(1):26-29.

[175]　姚小江,李滨,刘新宇,等. 一个4～12 GHz 混合集成宽带功率放大器[J]. 半导体学报,2007,28(12):1868-1871.

[176]　GARCIA J-A. A wideband quadrature hybrid coupler [J]. IEEE transactions on microwave theory and techniques, 1971, 19(7): 660-661.

[177]　TANAKA T, KUSODA K, AIKAWA M. Slot coupled directional couplers on a both side substrate MIC and their application [J].

Electronic communication Japan，1989，72(3):2.

[178] ABBOSH A - M，BIALKOWSKI M - E. Design of compact directional couplers for UWB applications [J]. IEEE transactions on microwave theory and techniques，2007，55(2):189 - 194.

[179] MOSCOSO - MÁRTIR A，WANGÜANGÜEMERT - PÉREZ J - G，MOLINA - FERNÁNDEZ I，et al. Slot - coupled multisection quadrature hybrid for UWB applications [J]. IEEE microwave and wireless component letter，2009，19(3):143 - 145.

[180] 王莹,华光,郑聿琳,等. 基于微带缝隙耦合结构的 3 dB 定向耦合器[M]//中国电子学会微波分会.2015 年全国微波毫米波会议论文集.北京:电子工业出版社,2015:1039 - 1041.

[181] 王平. 超宽带端射天线关键技术及其应用研究[D]. 成都:电子科技大学，2013.

[182] WANG Y W，WANG G M，ZONG B F. Directivity improvement of vivaldi antenna using double slot structure[J]. IEEE antennas and wireless propagation letters，2013，12(3):1380 - 1383.